Jürgen Hesse
Hans Christian Schrader

Testtraining Rechnen und Mathematik

Eignungs- und Einstellungstests sicher bestehen

berufsstrategie exakt

Eichborn

Die Autoren
Jürgen Hesse, Jg. 1951, geschäftsführender Diplom-Psychologe im Büro für Berufsstrategie, Berlin
Hans Christian Schrader, Jg. 1952, Diplom-Psychologe im Krankenhaus Am Urban in Berlin

Anschrift der Autoren
Hesse/Schrader
Büro für Berufsstrategie
Oranienburger Straße 4–5
10178 Berlin
Tel. 030/288857-0
Fax 030/288857-36
www.berufsstrategie.de

www.berufsstrategie-exakt.de
- kostenlose Downloads
- Bearbeitungshilfen und Checklisten

Für die Mitarbeit danken wir Melanie Friedrich.

7. Auflage 2010

Layout: Tania Poppe/Susanne Reeh
Satz: Fotosatz Reinhard Amann, Aichstetten
Druck und Bindung: Fuldaer Verlagsanstalt, Fulda
ISBN 978-3-8218-5919-4

Eichborn Verlag, Kaiserstraße 66, D-60329 Frankfurt am Main
Mehr Informationen zu Büchern und Hörbüchern aus dem Eichborn Verlag finden Sie unter www.eichborn.de

Inhalt

Einleitung

Worauf es in Tests wirklich ankommt

Das Wichtigste und Beste, was Sie vor einem Eignungstest wirklich tun können, ist, sich richtig vorzubereiten. Drei Aspekte sind dabei zu berücksichtigen:

- › die emotionale,
- › die intellektuelle
- › und die organisatorische Vorbereitung.

Was heißt das? Machen Sie sich mit der Prüfungssituation »Test« bereits im Vorfeld gut vertraut. Gehen Sie möglichst gelassen an die Sache heran. Das bedeutet einerseits die Bereitschaft, wirklich etwas dafür zu tun, damit es klappt. Andererseits darf man nicht allzu enttäuscht sein, wenn es nicht auf Anhieb gelingt, den angestrebten Arbeitsplatz bzw. die Position zu bekommen.
Machen Sie vor allem Ihr Selbstwertgefühl nicht vom Testergebnis abhängig. Das Testresultat sagt absolut nichts über Ihren Wert als Mensch und über Ihre angebliche (Nicht-)Eignung für einen speziellen Beruf bzw. für eine bestimmte Hierarchieebene aus. Bauen Sie Ihre Test-, Autoritäts- und Wissenschaftsgläubigkeit ab und versichern Sie sich der unterstützenden Solidarität wichtiger Personen Ihrer Umgebung. Zeigen Sie doch einfach mal Besserwissern und Meckerern ein paar Testaufgaben mit der Aufforderung, diese doch selbst einmal zu lösen ... Ganz wichtig ist das Sammeln von Informationen über Tests und Bewerbungsverfahren bei den für Sie in Frage kommenden Arbeitgebern. Tests kann man – wie vieles im Leben – sehr gut üben (auch wenn man aus verständlichen Gründen von Testanwenderseite versucht, Ihnen gerade dieses auszureden ...). Falls Sie Berufsanfänger sind: Bewerben Sie sich doch einfach mal nur unter dem Aspekt, Test- (und Bewerbungs-)Erfahrung zu sammeln!

Ohne gute Organisation ist alles mindestens doppelt so schwer, und wer zu spät kommt, den bestraft das Leben. Beruhigungstabletten, um beim Test »cool« zu sein, sind keine Lösung, sondern ein unkalkulierbares Risiko. Bevor wir auf die wichtigsten Bearbeitungsregeln für Testaufgaben zu sprechen kommen, erscheint es uns unbedingt notwendig, noch einmal auf Folgendes hinzuweisen:
Von wissenschaftlicher Seite wird der Ableitung und Vorhersagbarkeit von Testerfolg auf Berufserfolg entschieden widersprochen. Es ist also – wie gesagt – enorm wichtig, sein Selbstwertgefühl nicht vom Testergebnis abhängig zu machen, sondern den daraus abgeleiteten Prognosen eher zu misstrauen.
Nun die wichtigsten Bearbeitungsregeln für die Testaufgaben:

- Nutzen Sie die Zeit der Aufgabenerklärung zu Beginn der Tests: Verdeutlichen Sie sich das Aufgaben- und Lösungsschema und versuchen Sie, sich an ähnliche, bereits gelöste Aufgaben zu erinnern. Fragen Sie den Testleiter bei Unklarheiten, solange dazu Gelegenheit besteht.
- Arbeiten Sie so schnell wie möglich, mit einem sinnvollen Maß an Sorgfalt.
- Beißen Sie sich nicht an schwierigen Aufgaben fest, Sie verlieren sonst wertvolle Bearbeitungszeit für andere, vielleicht wesentlich leichtere Aufgaben. In der Regel sind Testaufgaben mit steigendem Schwierigkeitsgrad angeordnet, aber seien Sie vorsichtig, denn dies gilt nicht immer, insbesondere bei Mathetestaufgaben.
- Sind verschiedene Antwortmöglichkeiten vorgegeben, wenden Sie bei Zweifeln bezüglich der richtigen Lösungen die folgenden Strategien an:
  1. Versuchen Sie, falsche Lösungen zu eliminieren, um so die richtige »einzukreisen« (Ausschlussstrategie). Es ist leichter, z. B. unter zwei verbleibenden Möglichkeiten auszuwählen als unter mehreren.
  2. Raten Sie notfalls lieber die Lösung, anstatt gar nichts anzukreuzen.

Sollte es bei Ihrem nächsten Test nicht klappen, können Sie trotzdem zu den Gewinnern gehören, wenn Sie aus den Erfahrungen lernen und nicht aufgeben. Das mag zynisch klingen, ist aber Realität. Denken Sie an Lotto-Spieler – die geben auch nicht auf, weil sie am Wochenende keine sechs Richtigen haben. Bei allem Verständnis für Mühe und Enttäuschungen heißt das oberste Bewerbungsgebot heutzutage: durchhalten, nicht aufgeben und weiter bewerben, bis es endlich klappt.

Einmal mehr muss darauf hingewiesen werden: Nicht der Hauptteil der Bewerber und der Getesteten »fällt durch«, sondern Tests und Testanwender sind die eigentlichen Versager.

Noch ein genereller Tipp: Nur Tests mitmachen, wenn man sich absolut gesund fühlt und ausgeschlafen hat. Zusätzliche Belastungen neben dem Teststress sind möglichst zu vermeiden oder sollten dann veranlassen, eher einen neuen Testtermin zu vereinbaren. Mit einer guten Begründung kann man dies in der Regel leicht erreichen.

Pünktliches Erscheinen am Testort versteht sich von selbst. Wer abgehetzt zum Testort kommt, verschlechtert seine Chancen. Wichtig ist eine Information über die Testdauer. Manche Tests können bis zu acht Stunden dauern. Deshalb ist es ratsam, neben Schreibzeug auch etwas Ess- und Trinkbares dabeizuhaben (Traubenzucker, Schokolade …).

In Pausen, die es hoffentlich gibt, kann ein Gespräch mit dem Nachbarn, der sicherlich genauso aufgeregt ist wie man selbst, durchaus entspannend wirken. Nach dem Test- und Bewerbungsstress sollte man nicht vergessen, sich zu belohnen (und was das sein könnte, weiß hoffentlich jeder selbst …).

Aufgaben

Grundrechnen

Bei den folgenden Aufgaben sollen Sie Ihre Rechenfähigkeit unter Beweis stellen.

A. Sie haben sechs Minuten Zeit.

1.	1725,11	a)	5529,11
	+ 2936,12	b)	5539,73
	+ 845,23	c)	5439,70
	+ 33,24	d)	5539,70
		e)	4539,70

2.	12176,11	a)	994,79
	− 2181,32	b)	10 994,79
		c)	9894,79
		d)	9994,69
		e)	9994,79

3.	$11 \cdot 13{,}125$	a)	144,365
		b)	143,375
		c)	134,375
		d)	144,375
		e)	14,375

4.	$102{,}5 : 1{,}25$	a)	820
		b)	8,2
		c)	81
		d)	82
		e)	72

5. Welche Zahl ist um 1000 kleiner als 177 909 483?

a) 177 809 483
b) 177 919 483
c) 177 908 483
d) 177 909 383
e) 177 819 483

6. 14 · 8 = 7 · □

a) 14
b) 16
c) 15
d) 18
e) 22

B. Versuchen Sie es gleich noch einmal. Sie haben sechs Minuten Zeit.

1.
58,22
\+ 1129,77
\+ 972,65
\+ 2227,00

a) 3376,71
b) 3377,72
c) 3287,72
d) 4387,73
e) 4387,64

2.
23556,29
− 1803,88

a) 21 752,41
b) 19 752,41
c) 22 762,41
d) 21 753,31
e) 21 753,41

3. 12 · 23,595

a) 293,14
b) 283,14
c) 282,14
d) 183,14
e) 83,14

4. 109,06 : 1,33

a) 82
b) 81
c) 83
d) 92
e) 8,2

5. Welche Zahl ist um 1000 größer als 178 929 150?

a) 178 939 150
b) 178 929 250
c) 178 299 150
d) 178 930 150
e) 178 830 150

6. 14 · 9 = 7 · □

a) 17
b) 18
c) 20
d) 19
e) 21

C. Versuchen Sie es noch einmal. Diesmal haben Sie sechs Minuten Zeit.

1.
```
       1,64
+    225,13
+ 15 250,07
+   1231,08
```

a) 15 708,55
b) 15 708,54
c) 16 707,92
d) 16 698,55
e) 16 798,55

2. 113,25
− 5,71
− 0,12

a) 7,62
b) 107,42
c) 752
d) 8,42
e) 108,42

3. 16 · 7425,123

a) 128 801,468
b) 118 881,968
c) 118 901,908
d) 118 801,968
e) 118 802,908

4. 184,68 : 7,2

a) 2,565
b) 25,65
c) 25,66
d) 265,5
e) 2564

5. Welche Zahl ist um 1000 kleiner als 1 996 312 612?

a) 1 996 311 612
b) 1 996 411 612
c) 1 996 300 512
d) 1 996 301 512
e) 1 996 211 512

6. 12 · 14 = 8 · □

a) 15
b) 21
c) 20
d) 22
e) 23

D. Für die folgenden sechs Aufgaben haben Sie acht Minuten Zeit!

1. 2413,7 − 250,5

a) 2163,2
b) 2263,2
c) 2153,2
d) 1263,2
e) 2063,2

2. □ · 7 = 574

a) 67
b) 82
c) 81
d) 73
e) 85

3. □ − 292 = 824

a) 1126
b) 1042
c) 996
d) 1116
e) 1112

4. 1625,6 − 480,1

a) 1245,5
b) 1154,5
c) 1165,5
d) 1235,5
e) 1145,5

5. □ · 6 = 468

a) 74
b) 29
c) 78
d) 78,4
e) 79

6. □ − 355 = 671

a) 1356
b) 1276
c) 1026
d) 926
e) 826

Tipps

Da man voraussetzen kann, dass jeder, der sich einem Eignungstest unterzieht, die grundlegenden Rechenregeln beherrscht, muss bei dieser Art von Aufgaben der Zeitdruck als wesentliche Hürde betrachtet werden. Geht man aber ruhig an die Aufgaben heran, wird man merken, dass die vorgeschriebene Zeit von meist sechs Minuten tatsächlich ausreicht, um alle Aufgaben korrekt zu lösen.
Wer seit Jahren alles nur mit dem Taschenrechner ausgerechnet hat, dem raten wir, noch einmal in Ruhe das Einmaleins durchzugehen. Sie müssen sich nichts dabei denken: Kopfrechnen ist in unserem Alltag größtenteils durch den Taschenrechner verdrängt worden.
Bevor Sie sich jedoch abmühen, alle Aufgaben im Kopf zu rechnen, würden wir Ihnen zur schriftlichen Rechnung raten. Man sollte sich auch nicht schämen, die »Eins im Sinn« beim Addieren hinzuzuschreiben, da dies folgenschweren Fehlern vorbeugt, die man eventuell im Zustand höchster Angespanntheit begehen könnte.
Die Lösungsvorschläge ähneln sich manchmal so sehr, dass jede einzelne Ziffer von enormer Bedeutung ist.
Flüchtigkeitsfehler können immer passieren, aber wenn man etwas 100 Mal richtig gemacht hat, warum sollte man es beim 101. Mal falsch machen?! Also: Übung macht den Meister!
Beim Subtrahieren kann man, wenn die Ziffer der subtrahierten Zahl um 1 größer ist als die darüberstehende, ohne Nachzudenken die Ziffer 9 als Lösung hinschreiben; jedoch beim nächsten Schritt an die »Eins im Sinn« denken!

Beispiel:

$$\begin{array}{r} 1\,233 \\ \hline -\quad 564 \\ 669 \end{array}$$

Beim Dividieren sollte man zur Vereinfachung die Kommastellen wegfallen lassen, indem man gegebenenfalls Nullstellen dazusetzt.

Beispiel: 122,39 : 1,451 = 122 390 : 1451

Grundrechnen kann man in jeder Situation üben. Wie wäre es z. B., wenn Sie die Ziffern der Telefonnummern Ihrer Freunde addieren würden? Oder immer den Kassenbon nachrechnen?

Lösungen siehe Seite 124

Textaufgaben

Textaufgaben beinhalten mathematische Probleme, die in Worten verpackt sind. Diese Verpackung kann das einfache mathematische Problem oftmals verschleiern. Ihre Aufgabe ist es, dieses zu entschlüsseln und so den richtigen rechnerischen Ansatz zu finden. Bevor Sie nun mit dem Lösen der Aufgaben anfangen, noch einige grundlegende Tipps:

1. Versuchen Sie zu verstehen, um welches mathematische Problem es sich handelt.
2. Fragen Sie sich, wie Sie die Information, die Ihnen zur Verfügung gestellt wird, nutzen können.
3. Probieren und kontrollieren Sie das Ergebnis.

Die meisten Test-Teilnehmer fürchten Textaufgaben. Dahinter steckt wohl eher die Einstellung, dass man sie sowieso nicht lösen kann. Jeder weiß noch, wie er in der Schule bei Mathematikarbeiten saß und immer dachte: Wenn ich alles andere richtig mache, dann ist es ja nicht so schlimm, dass ich die Textaufgabe nicht lösen kann. Dabei geht es bei dieser Art von Aufgaben einfach nur darum, einen bestimmten Text richtig zu verstehen.
Also wagen Sie sich einfach heran an das Kapitel »Textaufgaben«, und Sie werden feststellen, dass es gar nicht so schwierig ist, wie Sie immer dachten.
Wir haben die Textaufgaben in mehrere Kategorien unterteilt, um Ihnen das Üben der verschiedenen Aufgabenstellungen leichter zu machen. Natürlich kommen in Tests immer Aufgaben aus allen Bereichen vor. Üblicherweise haben Sie 20–30 Minuten Zeit zur Bearbeitung von zehn bis fünfzehn Aufgaben. Die Lösungen für diese Aufgaben finden Sie auf Seite 124!

Prozentrechnungs-Textaufgaben

Sie haben zehn Minuten Zeit.

1. Man kann 3 % Butter aus Milch gewinnen. Wie viel Kilogramm Milch werden benötigt, um 1,5 kg Butter zu gewinnen?
2. In einer Verkaufsorganisation erreichen 10 % der männlichen und 15 % der weiblichen Vertreter gute Verkaufsergebnisse. Welchen Prozentanteil machen die Männer mit guten Verkaufsergebnissen in der Gesamtheit der Vertreter aus, wenn in der Gruppe 60 % männliche Vertreter sind?
3. Von 30 Testaufgaben haben Sie 18 richtig. Wie viel Prozent sind das?
4. Wenn von 100 geborenen Kindern 63 Jungen sind, wie viel Prozent Mädchen wurden geboren?
5. Die Wurzel einer Heilpflanze enthält 5 % Wirkstoff. Wie viel Kilogramm Wurzel benötigt ein Medikamentenhersteller, um 2,5 kg Wirkstoff zu extrahieren?
6. Ein Schreibwarenhändler verkauft Schreibhefte. Für 2 verlangt er so viel, wie ihn 3 gekostet haben. Wie hoch ist der Gewinn in Prozent?
7. Üblicherweise benötigt ein Briefträger 40 Minuten, um die Post in einer Straße zu verteilen. Da er heute aber einen Gipsfuß hat, benötigt er 1 Stunde und 20 Minuten. Berechnen Sie den Zeitmehraufwand in Prozent.
8. Florian hat in seiner Mathematikarbeit von 30 Rechenaufgaben 18 richtig. Wie viel Prozent sind das?
9. Jan sagt nach seinem Eignungstest, dass 1/3 der Aufgaben schwierig waren, dafür aber 1/6 sehr einfach. Wie viel Aufgaben (in Prozent) lagen also zwischen schwierig und einfach?

Übungsaufgabe

Bei einer Rundreise durch Amerika werden 14 350 km zurückgelegt. 5 % davon mit dem Schiff, 58 % mit dem Bus und 37 % mit dem Flugzeug. Wie viele Kilometer sind das im Einzelnen

a) mit dem Schiff,
b) mit dem Bus,
c) mit dem Flugzeug?

Zu a) Mit dem Schiff werden 5 % von 14 350 km zurückgelegt. Wir wissen, dass 14 350 km 100 % entsprechen. Zunächst berechnen wir 1 %:
14 350 : 100 = 143,5
Da wir aber 5 % suchen, müssen wir jetzt wieder mit 5 multiplizieren:
5 · 143,5 = 717,5
Mit dem Schiff werden also 717,5 km zurückgelegt.

Zu b) Mit dem Bus werden 58 % zurückgelegt. Wir rechnen wie bei a):
14 350 : 100 · 58 = 8323 km

Zu c) 37 % von 14 350 km: 14 350 : 100 · 37 = 5309,5 km

Tipps

Entweder soll man – wie in unserer Beispielaufgabe – errechnen, welchen Wert eine angegebene Prozentzahl von einem bestimmten Betrag ergibt (dies errechnen wir – wie bereits gezeigt – so: 1 % errechnen – also durch 100 dividieren –, dann mit der angegebenen Prozentzahl multiplizieren).
Oder man soll errechnen, wie viel Prozent eine Zahl A von einer anderen Zahl B beträgt. In diesem Fall rechnen wir
A : B · 100. An einem konkreten Beispiel:
Wie viel Prozent sind 8 von 10?
⇒ 8 sei A, 10 sei B
⇒ 8 : 10 · 100 = 80 %
Man kann sich ganz einfach merken, dass man die kleinere durch die größere Zahl dividiert und dann mit 100 multipliziert. Prozentrechnungs-Textaufgaben sind meist so beschrieben, dass man die eigentliche Rechnung sofort erkennt, d. h., die Texte sind relativ einfach zu verstehen.

Dreisatz-Textaufgaben

Sie haben 20 Minuten Zeit.

1. Schüler wollen bei einem Sportfest Softeis verkaufen. Aus einem Softeisbehälter lassen sich 170 normale Portionen abfüllen. Wie viele Behälter müssen angeschafft werden, wenn man mindestens 4000 Portionen Softeis verkaufen will?
2. Wie viele Flaschen mit einem Fassungsvermögen von 3/4 l benötigt man, um 28 l einer Flüssigkeit abzufüllen?
3. Ein Motorrad verbraucht 6 l Benzin auf 100 km. Wie viel verbraucht es auf 250 km, und wie viele Kilometer kann es mit einem 24 l fassenden Benzintank fahren?
4. Ein Malergeselle renoviert ein Zimmer von 18 m^2 an einem Arbeitstag in 8 Stunden. Der Azubi schafft in der gleichen Zeit nur 1/3 dieser Arbeitsleistung. Der Meister arbeitet noch schneller als der Geselle und liegt damit um 25 % höher in der Arbeitsleistung. Wie hoch ist die Differenz der geleisteten Arbeit (renovierter Raum in Quadratmetern) zwischen bestem und schlechtestem Ergebnis nach 1,5 Arbeitstagen?
5. Während sich ein großes Zahnrad 36-mal dreht, muss sich ein kleineres 108-mal drehen. Wenn sich das kleinere 432-mal gedreht hat, wie viele Male hat sich dann das größere Zahnrad gedreht?
6. Ein Auto verbraucht auf 100 km 9 l Benzin.
   a) Wie viel verbraucht dieses Auto auf 200 km?
   b) Wie viele Kilometer kann dieses Auto mit 27 l Benzin fahren?
7. Ein großes Zahnrad dreht sich 29-mal und bewegt dabei ein kleines Zahnrad 84-mal. Wenn sich das kleine Zahnrad nun 420-mal dreht, wie oft muss sich das große gedreht haben?
8. Eine Baustelle wird von 6 Warnlampen gesichert, die in 7 Nächten 4,2 l Petroleum verbrauchen. Wie lange reicht die gleiche Menge Petroleum für 8 Warnlampen?
9. Nehmen wir einmal an, so komisch es auch klingen mag, 6 sei die Hälfte von 19. Wie viel wäre dann 1/3 von 57?

10. Für ihren Sechs-Personen-Haushalt kauft Frau Schubert immer 450 g Hackfleisch. Während der Ferien sind aber 10 Personen zum Essen da. Wie viel Hackfleisch muss sie jetzt kaufen?
11. Für einen Drei-Pfund-Christstollen werden 225 g Rosinen benötigt. Wie viele Rosinen braucht man für einen Fünf- Pfund-Stollen?
12. 3,5 km S-Bahn-Fahrt kosten 0,25 €. Wie teuer wird eine Reise von 175 km?
13. 1 kg Orangen kostet 0,98 €. Was kosten 10 kg?
14. 6 Pferde fressen 30 kg Hafer. Wie viel fressen 10 Pferde?
15. Für 6 Warnlampen werden auf einer Baustelle wöchentlich (7 Nächte) 5,25 l Petroleum verbraucht.
Wie lange reicht die gleiche Menge für 8 Lampen?

Übungsaufgabe

Der Tank eines LKWs ist zu 8/9 gefüllt. Der Wert dieser Menge entspricht 96 €. Welchen Wert hat die Tankfüllung, wenn der Tank nur halb voll ist?

$\Rightarrow \frac{8}{9}$ Füllung des Tanks = 96 € Wert der Füllung

$\Rightarrow \frac{1}{2}$ Füllung des Tanks = □

In Zahlen: $\frac{8}{9} \triangleq 96; \frac{1}{2} \triangleq x$

$\frac{x}{96} = \frac{1}{2} : \frac{8}{9} \leftrightarrow x = \frac{1}{2} : \frac{8}{9} \cdot 96$

$x = 54$ €

Lösungen siehe Seite 124

Tipps

Bei Dreisatzaufgaben geht es einzig und allein darum, aus dem Text zu erkennen, welche Größe einer anderen entspricht. In der Regel wird das bereits gegebene Element zu Beginn angesagt, am Schluss steht das gesuchte. Man weiß, dass sich von 3 gegebenen Größen 2 entsprechen müssen und eine noch gefunden werden muss. Hat man also diese Feststellung aus dem Text herausgezogen, muss man nur noch eine Gleichung aufstellen, die man dann nach x auflöst. Am besten stellt man x (den gesuchten Wert) in den Zähler. Dann muss man den Nenner multiplizieren und x steht isoliert da. Jetzt müssen Sie nur noch die Zahlen miteinander verrechnen: Und schon erhalten Sie den Wert von x und somit die Lösung der Aufgabe!

Logisches Denken

Sie haben 20 Minuten Zeit.

1. Zum Beladen eines Bananenschiffs werden 300 Träger gebraucht. Diese können die Arbeit in 16 Stunden bewältigen. Wie viele Träger braucht man, wenn man zum Beladen dieses Schiffs 48 Stunden Zeit zur Verfügung hat?
2. Ein Trinkvorrat reicht für 16 Personen 24 Tage aus. Wie viele Tage würde der Vorrat für 8 Personen ausreichen?
3. Ein Kind hat 1,20 € aus 5- und 10-Cent-Stücken bei sich. Dieser Betrag setzt sich aus insgesamt 17 Geldstücken zusammen. Wie viele 10-Cent-Stücke sind darunter?
4. Ein Nahrungsmittelvorrat reicht für 12 Personen 16 Tage aus. Wie viele Tage könnten 6 Personen davon essen?
5. Ein Händler kauft für 10 500 € Gewürzpartien. An jeder verkauften Gewürzpartie verdient er 100 €. Nach Verkauf seines

Gesamtbestandes hat er 14 000 € eingenommen. Wie viele Gewürzpartien hatte er?

6. Ein Jaguar, ein Gepard und eine Hyäne fressen gemeinsam eine Antilope. Der Jaguar allein würde die Antilope in 1 Stunde auffressen. Der Gepard bräuchte 3 Stunden dafür und die Hyäne sogar 6. Wie viel Zeit brauchen sie, wenn sie die Antilope zusammen fressen?
7. 2 Schüler benötigen 4 Stunden Zeit, um ein Referat vorzubereiten. Wie viele Stunden Zeit würde ein Schüler alleine für die gleiche Arbeit benötigen?
8. Wenn 5 Katzen in 5 Minuten genau 5 Mäuse fangen, wie viele Katzen fangen dann in 100 Minuten genau 100 Mäuse?
9. Hannes trainiert für Olympia. Eine seiner leichtathletischen Übungen besteht im rhythmischen Gehen mit anschließendem Nachfedern im Stand. Die Länge der Übungsstrecke beträgt 30 m. Am Anfang und am Ende der Strecke stehen Fahnenstangen. Hannes legt die Strecke auf folgende Weise zurück: 2 Schritte vor, nachfedern, ein Schritt zurück, nachfedern, 2 Schritte vor und so weiter, bis er die zweite Fahnenstange erreicht. Wie viele Schritte legt Hannes auf dieser Übungsstrecke zurück, wenn jeder Schritt 1/2 Meter betragt?
10. Eine Fabrik verpackt elektrische Glühlampen immer zu 12 Stück pro Karton. Wie viele Kartons werden täglich benötigt, wenn die Tagesproduktion 14 400 Stück beträgt?
11. Ein Turnverein hatte bisher 10 Riegen (Mannschaften) mit je 9 Turnern. Um die Wartezeiten abzukürzen, wurden Riegen mit nur 6 Turnern gebildet. Wie viele Riegen hat der Turnverein jetzt?
12. Ein Frischei der Klasse B kostet 21,5 Cent. Wie teuer ist ein Dutzend Eier?
13. Auf einem Gymnasium sind 283 Schüler. Jeder von ihnen gehört einer Sportgruppe oder dem Orchester an. Das Orchester hat 89 Mitglieder. 17 Chormitglieder gehören gleichzeitig einer Sportgruppe an. Wie viele Schüler sind in der Sportgruppe?

Übungsaufgabe

Ein Kaufmann kauft für 1200 € Tee. Diesen verkauft er für 1500 €. An jedem Sack Tee beträgt sein Verdienst 50 €. Wie viele Säcke hatte er?

⇒ Anhand des Textes erkennen wir sofort, dass der Gewinn des Kaufmanns 1500 – 1200 = 300 € ist.

⇒ Sein Verdienst pro Sack beträgt laut Aufgabenstellung 50 €. Logischerweise ist die Anzahl der Säcke 300:50 = 6 Säcke.

Tipps

Logische Textaufgaben verlangen keine mathematischen Meisterleistungen von uns. Es geht nur darum, dass wir den Text genau durchlesen und verstehen, was überhaupt gesucht ist. Diese logischen Textaufgaben sind wohl die einfachsten, weil sie uns nur Textverstehen abverlangen. Logisches Denken kann man ständig im Alltag trainieren. Dafür gibt es unzählige Beispiele. Stella hat mit Catherine telefoniert. Folglich war bei beiden besetzt ... Marion trinkt eine Flasche Wodka. Also ist sie betrunken ... Im Bus gibt es nur noch 2 freie Plätze. 3 Leute wollen sich setzen. Folglich muss einer stehen ... Es ist ganz wichtig, dass man weiß, dass logische Aufgaben keine Zufälle mit einbeziehen. Bei unserem letzten Beispiel könnte es auch so sein, dass sich nun keiner der 3 Leute auf die Plätze setzen möchte, weil sie schmutzig sind. Kein Problem suchen, das überhaupt nicht vorhanden ist. Also: Niemals denken: »Was wäre, wenn das und das noch passieren würde?«

Logische Textaufgaben sind so aufgebaut, dass man sie mit etwas Nachdenken lösen kann. Es gibt hier keinen einheitlichen Rechenweg. Sie sollten sich also bewusst machen, dass etwas konsequent als Folgerung des vorher Beschriebenen auftritt.

Bruchrechnungs-Textaufgaben

Sie haben 15 Minuten Zeit.

1. Ein Maulwurf ist 4 Jahre alt. Nur 1/24 von dieser Zeit hat er das Tageslicht gesehen. Wie viele Monate sind das?
2. 1/3 dieser Textaufgaben war leicht, 1/6 schwer. Wie viele Aufgaben waren weder schwer noch leicht?
3. Ein Kanarienvogel ist 3 Jahre alt. Nur 1/72 von dieser Zeit hat er außerhalb des Käfigs verbracht. Wie viel Zeit (in Monaten) ist das?
4. Ein Seil von 35 m Länge ist so zu zerschneiden, dass das eine Stück 3/4 der Länge des anderen Stückes beträgt. Wie lang ist das kürzere Stück?
5. 3 Sportler starten gleichzeitig und laufen 100 m. Als der erste Läufer am Ziel ist, hat der zweite noch 10 m zu laufen. Als der zweite am Ziel war, fehlen dem dritten Läufer noch 10 m. Wie weit war der dritte Läufer vom Ziel entfernt, als der erste Läufer es erreicht hatte?
6. 3 Enten wiegen zusammen 10 kg. Die zweite Ente ist um 1/3 schwerer als die erste Ente und die dritte Ente um 1/4 leichter als die zweite Ente. Wie schwer ist jede dieser 3 Enten?
7. Wibke ist 21 Jahre alt. 1/12 ihres Lebens hat sie in Schweden verbracht. Wie viele Jahre waren das?
8. Ein junges Paar erhält zur Hochzeit von seinen Eltern einen Geldbetrag in Höhe von 8500 € für ein neues Auto geschenkt. Das eine Elternpaar gibt 1/3, das andere 3/8 des Autopreises. Was kostet das neue Auto?
9. Wenn eine Ware 25 € und damit 1/3 ihres Preises kostet, wie teuer ist dann diese Ware?

Übungsaufgabe

Eine Fabrik produziert 548 t rote Farbe. 7/8 davon werden exportiert. Wie viele Tonnen von der roten Farbe können im Inland jetzt verkauft werden?

⇒ 7/8 von 548 t werden exportiert, d. h., 1/8 wird im Inland verkauft.

⇒ 1/8 von 548 t ist zu berechnen.

⇒ $548 \cdot \frac{1}{8} = 68{,}5$ t

Bedeutet: $\frac{548}{1} \cdot \frac{1}{8}$

$548 : 8 = 68{,}5$

Tipps

Bruchrechnungsaufgaben sind wie Prozentrechnungsaufgaben anhand des Textes leicht zu lösen. Die Fragestellung ist einfach, und es gilt nur noch, das eigentliche Rechenproblem zu lösen.

Wenn man einen Bruchanteil von etwas berechnen will, multipliziert man die Bruchzahl mit der Zahl, deren Anteil man berechnen möchte. Diese Rechenoperation führt dann zur Lösung.

Die Zahl, deren Anteil man berechnet, stellt immer 1 Ganzes dar, egal ob man dieses durch $\frac{8}{8}$, $\frac{19}{19}$ oder $\frac{181}{181}$ ausdrückt. Dividiert man die Zahl durch den vorgegebenen Nenner, erhält man immer einen Anteil; mehrere Anteile erhält man, wenn man die Zahl wieder mit der gesuchten Zahl der Anteile multipliziert.

$\frac{3}{18}$ von 324 ⇒ 324 : 18 = 18 ⇒ 18 · 3 = 54

Lösungen siehe Seite 124

Proportional-Textaufgaben

Sie haben 15 Minuten Zeit.

1. Eine Beute von 576 Talern soll im Verhältnis von 4 : 5 auf 2 Raubritter verteilt werden. Wie viele Taler bekommt der Ritter, der die kleinere Beute erhält?
2. Wie viel muss zu 12 hinzugezählt werden, damit die Summe im gleichen Verhältnis zu 15 steht wie 30 : 25?
3. Ein Lottogewinn von 576 000 € soll im Verhältnis von 4 : 5 aufgeteilt werden. Wie groß ist der kleinere Gewinn?
4. Die Entfernung zwischen 2 Städten beträgt 480 km Luftlinie. Auf der Landkarte erscheint diese Strecke 60 cm lang. In welchem Maßstab ist die Karte gezeichnet?
5. Wie viel muss man zu der Zahl 19 hinzuzählen, damit die Summe im gleichen Verhältnis zu 32 steht wie 51 : 68?
6. 2 Boten sind mit schweren Lasten unterwegs. Die Last des ersten Boten ist 24 kg und die Last des zweiten Boten 30 kg schwer. Unterwegs kommt ihnen ein Mann entgegen, der seine Hilfe anbietet. Die Lasten werden nun so verteilt, dass jeder der 3 Männer gleich viel zu tragen hat. Am Ziel angekommen verlangt der Helfer für seinen Dienst 18 €. Welchen Betrag muss jeder der beiden Boten zahlen?
7. Noemi möchte einen Kuchen backen. Das Mischungsverhältnis von Butter und Mehl wird im Kochbuch mit 2 : 5 angegeben. Wie viel Butter muss sie verwenden, wenn sich bereits 700 g Mehl in der Schüssel befinden?
8. Die Differenz aus 18 und einer Zahl verhält sich zu 30 wie die Summe aus 6 und dieser Zahl zu 12. Wie heißt die Zahl?
9. Die Dichten zweier Körper mit gleichem Volumen verhalten sich wie 6 : 7. Der leichtere Körper ist 1300 g schwer. Wie schwer ist der andere Körper?
10. Die kürzeste Entfernung zwischen London und Amsterdam ist 150 km Luftlinie. Auf einer Landkarte erscheint diese Strecke 30 cm lang. In welchem Maßstab ist die Karte gezeichnet?

Übungsaufgabe

Nach einer Erbschaft sollen 24 315 € im Verhältnis 2 : 3 auf 2 Geschwister aufgeteilt werden. Die jüngere Tochter bekommt weniger. Wie viel Geld wird sie erhalten?

Da die jüngere Schwester weniger erhält, bekommt sie nur den zweiten Teil, während ihr Geschwisterteil den dritten Teil bekommt.

$\Rightarrow$ 2 : 3

$\Rightarrow$ 24 315 € ist der Gesamtbetrag, den es nun aufzuteilen gilt.

2. + 3. Anteil $\Rightarrow$ 1 Ganzes = $\frac{5}{5}$

$\Rightarrow$ die jüngste Schwester erhält also $\frac{2}{5}$

$\Rightarrow$ $\frac{2}{5} \cdot 24315$ € = 9726 €

Tipps

Bei Proportional-Textaufgaben oder Verhältnisrechnungen geht es darum, die Verhältnisse oder den Maßstab verschiedenartiger Dinge oder Personen zueinander zu bestimmen. Man kann diese Aufgaben auf verschiedene Art und Weise lösen, nämlich indem man die Aufgabe Schritt für Schritt in ihre Einzelteile zerlegt, bis man zu einer Rechnung gelangt. Oft kann man auch den Dreisatz anwenden.

Z.B. 100 im Verhältnis 2 : 3, und wir wollen den kleineren Teil berechnen.

a) $100 \cdot \frac{2}{5} = 40$

Der andere Teil ist folglich 60.

Oder:

b) Dreisatz:

100 $\triangleq$ 5 (2 + 3 = 5, repräsentiert das Ganze)

x $\triangleq$ 2

$\Rightarrow \frac{2}{5} = \frac{x}{100}$

$\Rightarrow x = \frac{200}{5}$

$\Rightarrow x = 40$

Wenn die Aufgabenstellung etwas komplexer gestaltet ist, müssen wir Gleichungen aufstellen und diese dann durch Dreisatz nach der gesuchten Zahl auflösen. Das könnte so aussehen:

verhält sich zu

$x + 4 \quad = \quad 27$ wie

$x - 5 \quad = \quad 18$

verhält sich zu

Das Wichtigste bei Proportional-Textaufgaben ist die Erkenntnis, in wie viele Teile das Ganze aufgeteilt werden soll.

Stundenkilometer-Textaufgaben

Sie haben 15 Minuten Zeit.

1. 2 Radfahrer begegnen sich um 11 Uhr. Wie viele Kilometer sind sie um 12.20 Uhr voneinander entfernt, wenn der eine 7,5 km und der andere 12 km in einer Stunde fährt?
2. Mit einer Geschwindigkeit von 80 km/h fährt ein Zug seinem Ziel entgegen. Nach 3 Stunden soll er an seinem Ziel sein. Wie viele Kilometer ist der Zug noch von seinem Zielbahnhof entfernt, wenn nach 2 Stunden und 12 Minuten ein Rotsignal die Weiterfahrt stoppt?
3. Die Reaktionszeit eines Busfahrers beträgt 1 Sekunde. Wie viele Meter fährt der Bus, wenn der Fahrer mit einer Geschwindigkeit von 96 km/h fährt und plötzlich in einer Gefahrensituation anfängt zu bremsen?
4. 2 Skateboardfahrer sehen sich bei einem Kurztreffen um 14.55 Uhr. Sie tauschen für 5 Minuten ihre Erfahrungen aus und fahren dann weiter. Wie groß ist die Entfernung zwischen ihnen nach 80 Minuten, wenn der eine 12 km, der andere Skateboardfahrer 7,5 km in der Stunde zurücklegt?

5. Michael fährt mit dem Motorrad mit 60 km/h von Berlin nach Hamburg. In 5 Stunden wird er in Hamburg eintreffen. Nach bereits 3 Stunden und 10 Minuten bleibt das Motorrad wegen einer Panne stehen. Wie viele Kilometer ist Michael zu diesem Zeitpunkt noch vom Ziel entfernt?
6. Bei 40 km/h Durchschnittsgeschwindigkeit würde Herr Weber eine Strecke in 1/2 Stunde schaffen. Wie lange würde er dafür bei 90 km/h benötigen?
7. Ein LKW fährt 80 km/h, 120 m dahinter fährt ein PKW mit 120 km/h. Wie lange braucht der PKW, bis er den LKW eingeholt hat?
8. Lindford Christie lief im Training 10,0 Sekunden über 100 m. Berechnen Sie seine Geschwindigkeit in km/h!
9. Ein Fallschirmspringer springt aus einer Höhe von 1000 m. Nach 100 m freiem Fall öffnet er seinen Schirm und fällt danach mit einer nahezu konstanten Geschwindigkeit von 0,80 m/s. Wann landet der Fallschirmspringer, gemessen vom Öffnungszeitpunkt des Fallschirms?

Übungsaufgabe

Annette fährt mit einer Geschwindigkeit von 80 km/h von Mannheim nach Frankfurt. Normalerweise braucht sie 4 Stunden für diese Fahrt. Nach 3 Stunden und 30 Minuten bleibt ihr Auto wegen eines Motorschadens stehen. Wie weit ist sie zu diesem Zeitpunkt noch von Frankfurt entfernt?

⇒ Annette fährt 80 km/h zwischen Mannheim – Frankfurt = 4 h.

⇒ Nach 3 Stunden und 30 Minuten = Stopp!

In einer Stunde legt sie 80 km zurück, also in 4 Stunden:

$4 \cdot 80\ \text{km} = 320\ \text{km}$ (Entfernung Mannheim – Frankfurt)

Dann fragen wir uns, wie viele Kilometer sie in 3 Stunden und 30 Minuten zurücklegt.

⇒ $240\ \text{min} \mathrel{\hat{=}} 320\ \text{km};\ 210\ \text{min} \mathrel{\hat{=}} x$

$$\frac{x}{320} = \frac{210}{240}$$

$$x = \frac{210 \cdot 320}{240}$$

$$x = 280\ \text{km}$$

Sie hat nun also erst 280 km von 320 km zurückgelegt. Folglich steht sie 320 km – 280 km = 40 km vor Frankfurt.

Tipps

Stundenkilometer-Textaufgaben lassen sich auf verschiedene Art und Weise stellen. Sie unterscheiden sich in ihrer Fragestellung so sehr, dass es unmöglich ist, einheitliche Lösungshinweise zu geben. Sehr häufig werden Sie jedoch auch hier den Dreisatz anwenden müssen.
Wichtig ist, dass man Stunden und Minuten nicht miteinander verrechnet, sondern sich für eine Zeiteinheit entscheidet. Ebenso verhält es sich mit Kilometern, Metern, Dezimetern, Zentimetern, Millimetern ...
Haben Sie sich für eine vorteilhafte Einheit entschieden, dürfte es mit den Vorkenntnissen, die Sie sich bereits erworben haben (vor allem zur Dreisatzrechnung), kein Problem mehr sein, diese Aufgaben zu lösen.
Zur Wiederholung:

	⇐ : 1000		⇐ :10		⇐ :10		⇐ :10	
km		m		dm		cm		mm
	x 1000 ⇒		x 10 ⇒		x 10 →		x 10 ⇒	

z. B. 1,34 km ⇒ m
1,34 · 1000 m = 1340 m

5 dm ⇒ m
5 : 10 m = 0,5 m

Lösungen siehe Seite 124

Gleichungs-Textaufgaben

Sie haben 15 Minuten Zeit.

1. 2 Brüder, die sich in ihrem Alter um lediglich 7 Jahre unterscheiden, sind zusammen 39 Jahre alt. Wie alt ist der jüngste Bruder?
2. 87 kg Äpfel sind in 2 Kisten verpackt. In der einen Kiste sind 11 kg Äpfel mehr als in der anderen. Wie viel Kilo Äpfel sind in der kleineren?
3. Man teilt eine Zahl y durch 3,4 und erhält als Ergebnis 9,2. Wie muss die Zahl y lauten?
4. Bei einem Ehepaar beträgt der Altersunterschied zwischen den beiden Partnern 5 Jahre. Das Lebensalter der beiden zusammen beträgt 75 Jahre. Wie alt ist der ältere Partner?
5. Wenn ein Bürovorsteher 3-mal so alt ist wie die jüngste Azubi-Mitarbeiterin und doppelt so alt wie die dienstälteste Sekretärin und alle 3 Personen auf ein Gesamtlebensalter von 88 Jahren zurückblicken können, wie alt ist dann jeder Einzelne?
6. Eine Erbschaft von 52 000 € soll unter 2 Erben so verteilt werden, dass der jüngere Erbe einen 3-mal so großen Erbteil bekommt wie der ältere Erbe. Wie groß ist der kleinere Erbanteil in €?
7. In einer Familie hat jeder Sohn dieselbe Anzahl von Schwestern und Brüdern. Jede Tochter hat aber 2-mal so viele Brüder wie Schwestern. Wie viele Töchter hat die Familie?
8. Ein Draht von 90 m Länge ist so zu zerschneiden, dass das eine Stück 2/3 der Länge des anderen beträgt. Wie lang ist das kürzere Stück Draht?
9. An einem Waldlauf nehmen 81 Personen teil. Es sind doppelt so viele Männer wie Frauen. Die Anzahl der Kinder und Jugendlichen ist halb so groß wie die Anzahl der Erwachsenen. Es sind doppelt so viele Jugendliche wie Kinder. Wie viele Männer, Frauen, Jugendliche und Kinder nehmen teil?

Übungsaufgabe

Von einem Kredit ist bereits die Hälfte zurückbezahlt. Wenn jetzt noch 450 € zurückgezahlt werden, sind nur noch 150 € als Restschuld offen. Wie hoch ist der Kredit insgesamt?

Kredit sei x. Die Hälfte sei $\frac{x}{2}$. 450 € subtrahieren, dann bleiben noch 150 € Restschuld.

$$x - \frac{x}{2} - 450 = 150 \qquad || + 450$$

$$x - \frac{x}{2} = 600 \qquad || \cdot 2$$

$$2x - x = 1200$$

$$x = 1200$$

Der Kredit beträgt 1200 €.

Tipps

Viele komplexe Textaufgaben erfordern das Aufstellen einer Gleichung. (Dazu muss man den Text in seine Einzelteile zerlegen und jeden Term genau bestimmen.) Wenn wir z. B. lesen »die Hälfte von einem bestimmten Betrag«, wissen wir sofort, dass dies als Term x2 geschrieben werden kann. Das 3-Fache ist demnach 3x usw.

Zu beachten ist bei der Lösung von Gleichungen, dass die Termumformungen auf beiden Seiten stattfinden müssen.

Beispiel: $x + 3 = 5 \qquad || - 3$

$$x + 3 - 3 = 5 - 3$$

Es gilt immer, x zu isolieren, d. h., x muss allein auf einer Seite der Gleichung stehen. Dann haben wir die Lösung.

Zinsrechnung

Sie haben 15 Minuten Zeit.

1. Wie groß ist die monatliche Belastung für die Bank bei einer jährlichen Zinsbelastung von 9,5 % für eine Kreditsumme von 150 000 €?
2. Wie groß ist die jährliche Zinslast für einen Kredit über die Summe von 22 000 €, bei dem Sie 11,5 % Zinsen zahlen müssen?
3. Wie viele Zinsen erbringen 5000 € bei einer Verzinsung von 3,75 % in 6 1/2 Monaten?
4. Tina zahlt am 15.03.2002 790 € auf ihr Sparbuch ein. Am 20.02.2003 kann sie 820 € abheben. Wie hoch wurde ihr Guthaben verzinst?
5. Nach welcher Zeit sind 1000 € auf 1100 € bei einfacher Verzinsung zu 4,33 % angewachsen?
6. Daniel möchte einen Lottogewinn so anlegen, dass er dafür monatlich 2000 € an Zinsen erhält. Wie hoch ist der Lottogewinn, wenn die Verzinsung 6,33 % beträgt?
7. Wie müssen 4580 € bei 13 Monaten Laufzeit verzinst werden, damit 500 € Zinsen anfallen?
8. Welches Kapital erbringt in 400 Tagen 580 € Zinsen bei einem Zinsfluss von 4,75 %?
9. Wie hoch ist die jährliche Zinslast für eine Hypothek von 50 000 € bei 4,5 % Zins?
10. Wie hoch ist die jährliche Zinslast für eine Grundschuld von 40 000 € bei 5,25 % Zins?

Übungsaufgabe

Alexandra zahlt am 03.01.2002 auf ihr Sparbuch 5500 € ein. Wann kann sie 6000 € abheben, wenn ihr Guthaben zu 4,5 % verzinst wird?

Gegeben:	Kapital K = 5500 €
	Zinssatz p = 4,5 %
	Zinsen Z = 500 €

Gesucht: Zeit t

Es gilt: Formel für Berechnung von Zinsen

$$Z = \frac{K \cdot p \cdot t}{100 \cdot 360}$$

(360 = Tage eines Jahres)
Auflösen nach t:

$$\text{Zeit } t = \frac{Z \cdot 100 \cdot 360}{K \cdot p}$$

$$\text{Zeit } t = \frac{500 \cdot 100 \cdot 360}{5500 \cdot 4{,}5}$$

$$\text{Zeit } t \sim 727 \text{ Tage}$$

Alexandra kann ihr Guthaben am 10.01.2004 abheben.

Tipps

Zum Lösen solcher Zinsrechnungs-Textaufgaben benötigt man einige Formeln, die fest vorgeschrieben sind und wahrscheinlich schon irgendwann einmal in der Schule durchgesprochen wurden.
In unserer Beispielaufgabe haben wir bereits die wichtigste Formel benutzt, nämlich jene zur Berechnung der Zinsen. Diese kann man nach Belieben umformen. Zur »Auffrischung« einige Grundbegriffe:

Z Zinsen
K Kapital
p Prozentanteil (Zinssatz)
t Zeit (in Tagen 360)
(in Monaten 12, in Jahren 1)

Die ursprüngliche Formel heißt:

$$Z = \frac{K \cdot p \cdot t}{100 \cdot 360}$$

Will man nun z. B. den Zinssatz ausrechnen, dann formt man folgendermaßen um:

$$Z \cdot 100 \cdot 360 = K \cdot p \cdot t$$

$$p = \frac{Z \cdot 100 \cdot 360}{K \cdot t}$$

Flächen- und Raumberechnungen

Sie haben zehn Minuten Zeit.

1. Ein Würfel hat eine Kantenlänge von 2 cm. Er wiegt 48 g. Wie viel Gramm würde ein Würfel aus gleichem Material wiegen, der eine Kantenlänge von nur 1 cm hat?
2. Eine Steinsetzerfirma benötigt für einen Platz mit 500 m^2 Fläche Pflastersteine. Die gängige Größe beträgt 10 cm · 20 cm. Wie viele Steine müssen bestellt werden?
3. Die Maße eines Hohlraums sind 4 m Länge, 20 cm Breite und 15 cm Höhe. Wie viel Kubikdezimeter hat der Hohlraum?
4. Ein rechteckiges Grundstück hat eine Größe von 2193 m^2 bei einer Front von 51 m Länge. Wie breit ist das Grundstück?

Übungsaufgabe

Ein Zimmer, das 5,10 m lang und 3,75 m breit ist, soll mit 30 cm breiten Fliesen ausgelegt werden. Wie viele Fliesen benötigt man dafür?

Flächeninhalt des Zimmers:
$A = 5{,}10\text{ m} \cdot 3{,}75\text{ m} = 19{,}125\text{ m}^2$

Fläche einer Fliese (man geht davon aus, dass sie quadratisch ist): 30 cm^2
$\Rightarrow$ 900 cm^2 = 0,09 m^2
Wie viele Fliesen passen in ein Zimmer?
$\Rightarrow$ 19,125 m^2 : 0,09 m^2 = 212,5 (Anzahl der Fliesen)

Tipps

Flächen- und Raumberechnungen setzen ein gewisses mathematisches Grundwissen voraus. Man sollte mühelos von der einen zur anderen Einheit umrechnen können.
Des Weiteren sollten Sie wissen, wie Flächeninhalte berechnet werden:

- QUADRATE:
  $A = a^2$ (Seiten gleich lang)
- RECHTECKE:
  $A = a \cdot b$ (Länge mal Breite)

Und Volumen:

- WÜRFEL
  $A = a^3$ (gleiche Seite 3-mal)
- QUADER
  $A = a \cdot b \cdot c$ (Höhe mal Breite mal Länge)

Lösungen siehe Seite 125

Schätzaufgaben

Die folgenden Rechenaufgaben sollen Sie mehr schätzen als ausrechnen.

A. Sie haben für 14 Aufgaben fünf Minuten Zeit.

1. 8365 + 5545 + 1140 =

a) 16 025
b) 15 045
c) 15 050
d) 15 150
e) 15 550
f) 14 995

2. 7320 + 2675 + 7533 =

a) 21 155
b) 20 150
c) 19 995
d) 20 005
e) 19 555
f) 17 528

3. 19 002 · 45 890 =

a) 800 750
b) 8 001 780
c) 872 001 780
d) 87 001 770
e) 950 002 535
f) 9 003 535

4. $55455 + \frac{5}{17} + 544\ \frac{2}{17} + \frac{10}{17} =$

a) $59\,005\ \frac{1}{17}$
b) 56 000
c) 59 500
d) $65\,435\ \frac{2}{17}$
e) 64 001
f) $64\,101\ \frac{1}{17}$

5. 48 825 412 – 41 950 437 =

a) 5 555 555
b) 6 874 975
c) 38 749 750
d) 4 950 753
e) 4 125 655
f) 4 002 354

6. 49 · 49 =

a) 24 500
b) 24 501
c) 2401
d) 2501
e) 2105
f) 1111

7. 311 · 811 + 45 501 =

a) 25 223
b) 101 222
c) 220 571
d) 297 722
e) 350 455
f) 400 503

8. 2,2 · 5,9 =

a) 11,05
b) 11,9
c) 12,98
d) 13,98
e) 13,99
f) 14,55

9. 199^2

a) 3960
b) 29 507
c) 39 601
d) 49 602
e) 41 104
f) 40 201

10. Wurzel von 12 321

a) 11
b) 51
c) 111
d) 225
e) 550
f) 735

11. 17,25 + 13 + 0,75 + 0,005 =

a) 31,005
b) 310,05
c) 31
d) 20
e) 130,005
f) 30,8

12. 25,33 – 0,05 + 2 =

a) 27,38
b) 25,28
c) 25,38
d) 23,28
e) 23,38
f) 27,28

13. 7,5 – 0,025 + 11,425 =

a) –18,9
b) –3,95
c) 18,95
d) 18,9
e) 18,5
f) 19,425

14. 1297 + □ = 9289

a) 7892
b) 7998
c) 8992
d) 7992
e) 7991
f) 8121

B. Bei den folgenden Aufgaben geht es mehr um die Auffassungsgeschwindigkeit bei der Abschätzung der wahrscheinlich richtigen Lösungen als um die wirkliche Rechenfähigkeit. Für acht Aufgaben haben Sie zwei Minuten Zeit.

1. 411 · 511 + 25 302 =

a) 235 323
b) 255 401
c) 300 425
d) 195 798

2. 50 384 · 69 938 =

a) 8 754 356 872
b) 5 543 742 762
c) 3 523 756 192
d) 1 238 475 432

3. 199^2 =

a) 39 981
b) 40 001
c) 39 681
d) 39 601

4. 49 371 · 7 =

a) 350 167 $\frac{1}{7}$
b) 345 597
c) 335 698 $\frac{1}{7}$
d) 345 598

5. $48\,190 \cdot \frac{1}{5} =$

a) 9900
b) 9638
c) $481\,902\,\frac{1}{5}$
d) $\frac{438}{5}$

6. $3\,574\,158 : \frac{1}{2} =$

a) 1 787 079
b) 7 148 316
c) 1 789 018
d) 6 985 079

7. 11,5 % von 9755 =

a) 998,745
b) 1320,505
c) 100,925
d) 1121,825

8. 7,5 % von 1115 =

a) 83,625
b) 79,123
c) 81,013
d) 90,785

C. Bei den folgenden Rechenaufgaben sollen Sie durch rechnerische Überlegungen und Schätzen auf die richtigen Lösungen kommen. Für die folgenden zehn Aufgaben haben Sie fünf Minuten Zeit.

1. 7432 + 9568 + 2474 =

a) 20 603
b) 19 474
c) 18 245
d) 19 500

2. $1205 \cdot 2105 =$

a) 2 536 524
b) 2 536 526
c) 2 536 525
d) 30 865

3. $10\,505 + 20\,155 + 175 + 25 =$

a) 29 784
b) 31 531
c) 30 860
d) 30 865

4. $1035\,\frac{1}{12} + 6123\,\frac{5}{12} + 2205\,\frac{1}{2} =$

a) $10\,478\,\frac{1}{4}$
b) 9364
c) $8395\,\frac{11}{12}$
d) 9363

5. $37 \cdot 37 =$

a) 1579
b) 1369
c) 1348
d) 1474

6. $54\,268 : 2 =$

a) 28 451
b) 27 134
c) 27 254
d) 25 123

7. $4213\,\frac{1}{8} \cdot 8 =$

a) 31 704
b) 33 705
c) 34 605
d) 29 121

8. $66 : \frac{1}{6}$

a) 11
b) $10\,\frac{1}{6}$
c) 396
d) 66

9. 11,5 % von 10 125

a) 1012,5
b) 1259,6
c) 978,453
d) 1164,375

10. Wurzel von 15 625
a) 125
b) 112
c) 99
d) 195

D. Für die folgenden zehn Schätzaufgaben haben Sie drei Minuten Zeit.

1. 12 232 : 25 + 36 696 =
a) 7890
b) 41 405,2
c) 37 185,28
d) 8333,34

2. 9600 · 4 – 125 =
a) 37 375
b) 38 275
c) 39 900
d) 3918

3. 2750 + 139,375 – 141,343 =
a) 5637,47
b) 2748,032
c) 2259
d) 3030,718

4. 30 – 660 + 1 986,07 =
a) 1386,07
b) 986,07
c) 146,71
d) 1356,07

5. 1291,5 + 1891,575 – 2586,075 =
a) 1130,075
b) 598
c) 597
d) 1507

6. $520\frac{1}{4} + \frac{3}{4} + 34\,666 - 0{,}25 =$

a) 35 186,75
b) 35 168 $\frac{3}{4}$
c) 35 187
d) 3629 $\frac{1}{4}$

7. $6 \cdot 3{,}8 \cdot 15 =$

a) 220
b) 342
c) 360
d) 45,3

8. $32 \cdot 40 - 27 =$

a) 1170
b) 603
c) 1180
d) 1253

9. $22 \cdot 17 \cdot 15 =$

a) 5610
b) 6000
c) 6709
d) 4200

10. $\frac{2}{3} - 1 + 4\,\frac{1}{3} - 1{,}5 + 12{,}5 =$

a) 6 $\frac{1}{3}$
b) 10
c) 15
d) 1,5

E. Für die folgenden zwölf Schätzaufgaben haben Sie vier Minuten Zeit.

1. $24\,840 : 5 - 72 =$

a) 412
b) 4896
c) 4890
d) 4930
e) 590,7

2. $2300 - 6 + 276 =$

a) 689
b) 3120
c) 2570
d) 2274
e) 2294

3. $25 \cdot 9 - 289 =$

a) –75
b) –74
c) 124
d) –64
e) 10

4. $0{,}8^3 + 7 \cdot 51 =$

a) 357,512
b) 355,748
c) 351
d) 500,64
e) 68,6

5. $714 - 1624 - 25 =$

a) –940
b) –830
c) 1026
d) –875
e) –935

6. $326 + 323 - 32 =$

a) 618
b) 617
c) 598
d) 408
e) 707

7. $\frac{4}{5} + \frac{25}{12} + \frac{8}{3} =$

a) $\frac{223}{60}$
b) $4\,\frac{3}{20}$
c) $5\,\frac{1}{60}$
d) $\frac{21}{60}$
e) $5\,\frac{11}{20}$

8. $4{,}9 \cdot 3{,}6 \cdot 2{,}7 - 64 =$

a) –16,372
b) –40,45
c) –4
d) –8,2
e) 7,08

9. $5{,}4 \cdot 72 \cdot 84 =$

a) 24 166
b) 31 232,9
c) 32 659,2
d) 28 000
e) 21 760,1

10. $4{,}3 \cdot 105 - 12{,}5 =$

a) 439
b) 432,6
c) 427
d) 387,5
e) 320

11. $2{,}5 \cdot 60 - 53{,}4 =$

a) 103
b) 96,6
c) 130
d) 70,7
e) 6,6

12. $3{,}5 + 80{,}4 + 34{,}124 + 54{,}66 =$

a) 172
b) 172,684
c) 184
d) 168,16
e) 181,793

F. Für die folgenden 14 Schätzaufgaben haben Sie fünf Minuten Zeit.

1. 25,87 + 30,98 + 21,73 =

a) 77,85
b) 67,58
c) 79,12
d) 78,58
e) 78,12
f) 78,59

2. 88,08 + 190,75 + 49,1 =

a) 327,93
b) 327
c) 328,93
d) 328,94
e) 332,79
f) 427,93

3. 44,12 + 13,21 + 111,43 =

a) 168,7
b) 168,75
c) 169,76
d) 168,76
e) 179,8
f) 170,87

4. 1956 + 545,3 + 411 =

a) 2912,3
b) 2922,3
c) 2912,4
d) 2812,3
e) 2411,3
f) 3000,3

5. $43{,}8 \cdot 45{,}98 =$

a) 182,24
b) 2013,924
c) 18 365,14
d) 89,78
e) 1607,264
f) 2160,724

6. $722 \cdot 454 =$

a) 15 080
b) 148 588
c) 288 208
d) 302 808
e) 32 799
f) 327 788

7. $\frac{8}{3} + 40\,\frac{1}{12} + \frac{7}{5} =$

a) $42\,\frac{1}{12}$
b) $44\,\frac{3}{20}$
c) $43\,\frac{7}{3}$
d) $43\,\frac{17}{20}$
e) $42\,\frac{1}{60}$
f) $44\,\frac{1}{5}$

8. 21 813 480 – 19 590 734 =

a) 2 122 746
b) 2 222 746
c) 2 222 745
d) 2 000 856
e) 1 813 746
f) 1 916 025

9. $59 \cdot 59 =$

a) 2998
b) 2591
c) 3655
d) 30 381
e) 3481
f) 2101

10. $113 \cdot 252 + 101{,}22 =$

a) 28 577,22
b) 2603,22
c) 23 671,22
d) 39 776,22
e) 27 578,22
f) 38 587,22

11. $16{,}05 \cdot 1{,}5 =$

a) 24,075
b) 245,5
c) 24,25
d) 16,2
e) 23,025
f) 15,075

12. $21{,}15 + \square = 87{,}53$

a) 66,38
b) 59,28
c) 66,58
d) 65,33
e) 67,35
f) 60,47

13. $800{,}75 - 64{,}104 + 38{,}95 =$

a) 785,809
b) 774,549
c) 775,596
d) 776,659
e) 785,489
f) 785,509

14. $24{,}5 + 400{,}03 - 13{,}59 =$

a) 402,05
b) 411,03
c) 411,19
d) 411,14
e) 410,12
f) 410,94

G. Für die folgenden acht Aufgaben haben Sie zwei Minuten Zeit. Versuchen Sie, die Lösungen zu schätzen!

1. 42,33 – 2,32 + 14,37 =

a) 53,37
b) 54,38
c) 55,38
d) 64,38

2. 1,72 + 1,94 + 8,76 =

a) 12,41
b) 12,42
c) 10,42
d) 11,22

3. 99 826 – 10 978 =

a) 88,849
b) 88 848
c) 89 958
d) 88 958

4. 11 · 14,375 =

a) 157,375
b) 1581,25
c) 15,325
d) 158,125

5. 201,635 : 8,23 =

a) 2,45
b) 9,5
c) 24,5
d) 21,5

6. 177,819 – 15,15 =

a) 152,764
b) 162,669
c) 162,769
d) 1626,4

7. Wurzel aus 3091,36

a) 5,6
b) 62,6
c) 55,6
d) 44

8. $40{,}2^2 =$

a) 804
b) 1604
c) 1616,04
d) 1626,4

H. Für die folgenden zehn Schätzaufgaben haben Sie drei Minuten Zeit.

1. 10 020 + 89 765,6 =

a) 99 785,6
b) 9785,6
c) 98 764,6
d) 99 726,6
e) 98 795,6

2. 79,17 : 8,7 =

a) 9
b) 9,1
c) 7,9
d) 9,2
e) 9,3

3. 122 · 85,4 =

a) 10 418,8
b) 10 160,8
c) 9179,2
d) 11 317,4
e) 10 218,8

4. $67{,}43 \cdot 175 - 123{,}45 =$

a) 11 676,8
b) 10 677,486
c) 12 572,029
d) 9775,625
e) 11 676,893

5. $56{,}34 : 2{,}4 =$

a) 28,82
b) 24,875
c) 35,384
d) 23,485
e) 23,475

6. $32{,}4^2 =$

a) 944,16
b) 1024,86
c) 1049,76
d) 1049,66
e) 1059,76

7. 2 345 761 – 112 563 =

a) 1 233 208
b) 2 233 198
c) 243 191
d) 2 153 288
e) 2 325 193

8. 98 981 + 89 384 =

a) 177 261
b) 187 385
c) 188 265
d) 188 365
e) 198 384

9. 76,23 + 97,14 – 13,53 =

a) 150,24
b) 159,84
c) 146,33
d) 97,14
e) 159,53

10. $67^2 =$

a) 4489
b) 4081
c) 5449
d) 3649
e) 3989

Tipps

Schätzaufgaben sehen schwierig aus, man kann aber relativ leicht auf die richtige Lösung kommen, indem man überschlägig bzw. durch das Kontrollieren der Einerstelle das einzig richtige Lösungsangebot unter den falschen Angeboten herausfindet.

Das möchten wir an zwei Beispielen verdeutlichen:

1. 1175 + 1425 + 1350 = □
   a) 4250 b) 3950 c) 3825 d) 3943

Dreimal sind vierstellige Zahlen zu addieren, die im Tausenderbereich liegen. Die Lösung kann nicht bei 4000 liegen, das wäre zu viel, sie wird knapp bei 4000 liegen, und da die Einerstellen zweimal eine 5 und einmal eine 0 sind, muss die letzte Einerstelle eine 0 sein. Lösung: b

2. 4525 · 5 = □
   a) 20 150 b) 24 125 c) 22 625 d) 22 540

Hier ist eine vierstellige Zahl mit 5 zu multiplizieren, und wir können davon ausgehen, dass die Einerstelle hinten wieder eine 5 sein muss. Überschlägig kann man sagen, dass das Ergebnis ungefähr bei 22 000 liegen müsste, und das deutet darauf hin, dass von den vier angebotenen Lösungsmöglichkeiten die Zahl in Frage kommt, die bei der Einerstelle eine 5 hat und bei 22 000 liegt. Nur c kommt als richtige Lösung in Frage.

Alle Lösungen, bei denen man sofort erkennt, dass sie nicht in Frage kommen können, streichen Sie am besten sofort durch. Meistens bleiben dann nicht mehr so viele übrig. Die kann man dann genauer untersuchen und eine Lösung nach der anderen ausschließen, bis nur noch die richtige übrig bleibt.

Lösungen siehe Seite 125

Dezimal- und Bruchrechnung

A. Für zwölf Aufgaben haben Sie 15 Minuten Zeit.

1. $0{,}04 \cdot 0{,}02 =$

a) 0,08
b) 0,0008
c) 0,008
d) 0,006
e) 0,6

2. $0{,}021 : 0{,}3 =$

a) 0,063
b) 0,07
c) 0,7
d) 0,007
e) 0,63

3. $\frac{9}{4} : 0{,}025 =$

a) 90
b) 9000
c) 0,9
d) 0,09
e) 9

4. Wie oft ist 0,6 in 48 enthalten?

a) 800-mal
b) 40-mal
c) 400-mal
d) 8-mal
e) 80-mal

5. $1\frac{3}{4} \cdot 2\frac{1}{4} =$

a) $3\frac{15}{16}$
b) $1\frac{1}{16}$
c) 4
d) $2\frac{3}{16}$
e) $2\frac{1}{2}$

6. Verwandle $3\frac{2}{3}$ in Dezimalzahlen.

a) 3,67
b) 2,67
c) 3,13
d) 2,13
e) 2,25

7. $4\frac{5}{8} - 1\frac{3}{4} =$

a) $3\frac{1}{4}$
b) $3\frac{1}{2}$
c) $2\frac{7}{8}$
d) $3\frac{1}{16}$
e) $3\frac{7}{8}$

8. $\frac{3}{4} : \frac{1}{5} =$

a) $2\frac{1}{2}$
b) $\frac{4}{9}$
c) $\frac{3}{20}$
d) $3\frac{3}{4}$
e) $3\frac{1}{4}$

9. $\frac{2}{3} + \frac{1}{2} =$

a) $\frac{7}{6}$
b) $5\frac{7}{8}$
c) $\frac{3}{5}$
d) $1\frac{1}{3}$
e) $\frac{3}{4}$

10. $1\frac{3}{4} + 4\frac{1}{8} =$

a) $5\frac{1}{3}$
b) $5\frac{7}{8}$
c) $5\frac{1}{2}$
d) $5\frac{3}{4}$
e) $5\frac{1}{8}$

11. $\frac{4}{4} \cdot \frac{1}{3} =$

a) $\frac{4}{12}$
b) $\frac{5}{0}$
c) $2\frac{2}{5}$
d) $\frac{5}{3}$
e) 1

12. $\frac{5}{8} - \frac{1}{3} =$

a) $\frac{1}{2}$
b) $\frac{6}{24}$
c) $\frac{4}{8}$
d) $\frac{4}{5}$
e) $\frac{7}{24}$

B. Für zehn Aufgaben haben Sie 13 Minuten Zeit.

1. $\frac{6}{5} - \frac{4}{3} =$

a) $-\frac{2}{15}$
b) $-\frac{2}{5}$
c) -1
d) $-\frac{8}{15}$
e) $\frac{1}{5}$

2. $5\frac{1}{3} \cdot \frac{5}{2} =$

a) $\frac{25}{6}$
b) $4\frac{1}{3}$
c) $10\frac{1}{6}$
d) $\frac{25}{3}$
e) $13\frac{1}{3}$

3. $-\frac{1}{4} + 12\frac{3}{8} =$

a) $12\frac{1}{8}$
b) $12\frac{1}{4}$
c) $-12\frac{1}{6}$
d) $11\frac{5}{8}$
e) $4\frac{1}{4}$

4. $\frac{7}{3} : (-\frac{11}{3}) =$

a) $-\frac{4}{5}$
b) $-\frac{7}{11}$
c) $-3\,\frac{1}{3}$
d) $-8\,\frac{5}{9}$
e) $-\frac{7}{3}$

5. Verwandeln Sie $(-\frac{5}{8})$ in Dezimalzahlen.

a) –0,6
b) –0,585
c) –0,4
d) –0,58
e) –0,625

6. Wie oft ist 0,6 in 18 enthalten?

a) 3-mal
b) 30-mal
c) 300-mal
d) 10,8 mal
e) 30,3-mal

7. $4{,}26 \cdot 0{,}8 =$

a) 34,08
b) 30,48
c) 4,008
d) 3,408
e) 0,34

8. $23{,}125 + 17{,}997 =$

a) 41,13
b) 41,122
c) 41,142
d) 40,012
e) 30,132

9. $4{,}6 \cdot 1{,}2 =$

a) 55,2
b) 552
c) 0,552
d) 5,52
e) 2,54

10. $288{,}6 : 22{,}2 =$

a) 13,14
b) 13
c) 13,09
d) 12,98
e) 10,07

C. Für 15 Aufgaben haben Sie 20 Minuten Zeit.

1. $0{,}55 - 0{,}013 =$

a) 0,59
b) 0,587
c) 0,427
d) 0,057
e) 0,537

2. $-\frac{3}{50} + \frac{11}{2} =$

a) $5\frac{2}{5}$
b) $\frac{134}{25}$
c) $5\frac{11}{25}$
d) $\frac{8}{47}$
e) $5\frac{11}{50}$

3. $\frac{6}{17} \cdot \frac{20}{3} =$

a) $2\frac{6}{17}$
b) $2\frac{2}{9}$
c) $1\frac{3}{10}$
d) $2\frac{2}{51}$
e) $2\frac{27}{34}$

4. $1\frac{1}{8} + \frac{1}{24} =$

a) $\frac{1}{21}$
b) $\frac{5}{101}$
c) $\frac{1}{9}$
d) $1\frac{1}{6}$
e) $\frac{8}{91}$

5. $0{,}68 \cdot 1{,}5 =$

a) 2,18
b) 1,02
c) 0,45
d) 0,82
e) 1,32

6. $7{,}129 + 5{,}853 =$

a) 12,98
b) 12,982
c) 12,889
d) 12,143
e) 13,003

7. Verwandeln Sie $\frac{1}{25}$ in eine Dezimalzahl!

a) 0,04
b) 0,25
c) 0,4
d) 0,34
e) 0,05

8. $\frac{3}{2} - \frac{3}{20} + \frac{3}{50} =$

a) $2\frac{1}{5}$
b) $2\frac{1}{2}$
c) $1\frac{41}{100}$
d) $\frac{33}{100}$
e) $1\frac{8}{9}$

9. $(\frac{1}{16})^2 =$

a) $\frac{1}{256}$
b) $\frac{1}{32}$
c) $\frac{1}{240}$
d) $\frac{2}{289}$
e) $\frac{9}{64}$

10. $-\frac{5}{12} - \frac{3}{26} =$

a) $\frac{11}{12}$
b) $-\frac{33}{26}$
c) $-\frac{73}{38}$
d) $-\frac{101}{114}$
e) $-\frac{83}{156}$

11. 6,978 – 1,69 =

a) 5,288
b) 5,908
c) 5,278
d) 5,388
e) 4,908

12. $\frac{5}{2} : (-\frac{2}{3}) =$

a) $-\frac{25}{23}$
b) $-\frac{52}{23}$
c) $-3\,\frac{1}{2}$
d) $-3\,\frac{1}{6}$
e) $-3\,\frac{3}{4}$

13. $\frac{6}{7} + \frac{1}{2} =$

a) $1\,\frac{5}{14}$
b) $\frac{7}{9}$
c) $1\,\frac{4}{15}$
d) $1\,\frac{1}{2}$
e) $1\,\frac{9}{14}$

14. $8{,}4 \cdot 16{,}68 =$

a) 128,412
b) 132,272
c) 140,112
d) 133,6
e) 132,7

15. $\frac{5}{4} - \frac{3}{16} =$

a) $\frac{2}{13}$
b) $-\frac{5}{12}$
c) $1\frac{6}{11}$
d) $1\frac{2}{15}$
e) $1\frac{1}{16}$

D. Für die folgenden zwölf Aufgaben haben Sie 15 Minuten Zeit.

1. $((-\frac{1}{2})^2)^2 =$

a) 0,256
b) $\frac{1}{267}$
c) $\frac{1}{8}$
d) $-\frac{1}{256}$
e) 0,0625

2. $(\frac{5}{4})^2 : (\frac{5}{4})^3 =$

a) 0,61
b) 1,5624
c) $\frac{25}{16}$
d) $\frac{5}{4}$
e) 0,8

3. $\frac{\frac{2}{5} \cdot \frac{7}{5}}{8} =$

a) $\frac{7}{14}$
b) $\frac{7}{100}$
c) $\frac{7}{8}$
d) $\frac{7}{25}$
e) $\frac{8}{9}$

4. $1{,}5 \cdot 10{,}2 \cdot \frac{1}{2} =$

a) 7,65
b) 2,58
c) 5,25
d) 8,15
e) 8,76

5. $((\frac{1}{5})^2)^2 - \frac{4}{5} =$

a) 0,7944
b) 1,405
c) –0,899
d) –0,7984
e) –0,6484

6. $(\frac{1}{2})^3 \cdot 2{,}8 =$

a) 0,46
b) 0,38
c) 0,35
d) 0,41
e) 0,44

7. $7{,}2 : 4 \cdot 3{,}2 =$

a) 5,25
b) 5,76
c) 5,56
d) 5,45
e) 5,46

8. $144 \cdot (6{,}5^2)^2 =$

a) 257 049
b) 354 744
c) 236 833
d) 268 833
e) 275 169

9. $13{,}4 - 3{,}4 + 5{,}11 =$

a) 15,11
b) 15,4
c) –15,21
d) 15,1
e) 15,31

10. $-\frac{2}{5} \cdot (\frac{1}{5})^2 + \frac{3}{2} =$

a) –2,554
b) 1,484
c) 1,324
d) 1,394
e) 1,134

11. $5{,}14 - 2{,}15 + 8{,}27 =$

a) 11,2
b) 11,424
c) 10,96
d) 11,27
e) 11,26

12. Wie oft ist $\frac{2}{3}$ in 12 enthalten?

a) 8-mal
b) 18-mal
c) 1,8-mal
d) 19-mal
e) 17-mal

E. Verwandeln Sie die folgenden Prozentzahlen in Brüche (kürzen nicht vergessen)!

1. 50 %
2. 80 %
3. $16\frac{2}{3}$ %
4. 25 %
5. 40 %
6. 12,5 %

F. Verwandeln Sie die folgenden Brüche in Prozentzahlen!

1. $\frac{1}{20}$
2. $\frac{3}{4}$
3. $\frac{4}{5}$
4. $\frac{3}{25}$
5. $\frac{3}{8}$
6. $\frac{1}{25}$
7. $\frac{2}{3}$
8. $\frac{3}{5}$
9. $\frac{3}{20}$
10. $\frac{5}{8}$

Tipps

Das Einzige, was Ihnen diese Art von Aufgaben näher bringen kann, ist üben. Es gibt keine Tricks, wie man Brüche ohne mathematische Rechenoperationen auflösen kann. Um zum richtigen Ergebnis zu gelangen, beachten Sie bitte Folgendes:

a) Addieren und Subtrahieren von Brüchen:
Beispiel: $\frac{1}{4} + \frac{1}{5}$

1. Suchen Sie den gemeinsamen Hauptnenner:
   $4 \cdot 5 = 20$
   Es gibt keine Zahl < 20, die sich sowohl durch 4 als auch durch 5 dividieren lässt, ohne dass wir die Menge der ganzen Zahlen verlassen müssten.
2. Überlegung : Wenn wir im Nenner von $\frac{1}{4}$ nun den Nenner 20 stehen haben, müssen wir auch den Zähler mit 5 multiplizieren; also 1 mal 5.
   $\Rightarrow \frac{5}{20}$
   Dasselbe tun wir mit $\frac{1}{5}$ mal $4 = \frac{4}{20}$
3. Nun haben wir auszurechnen:
   $\frac{5}{20} + \frac{4}{20} = \frac{5+4}{20} = \frac{9}{20}$

b) Multiplizieren von Brüchen:
$\frac{8}{9} \cdot \frac{7}{16}$

$$\frac{\text{Zähler mal Zähler}}{\text{Nenner mal Nenner}} \qquad \frac{8 \cdot 7 = 56}{9 \cdot 16 = 144}$$

⇒ KÜRZEN: (d. h., Zähler und Nenner durch eine Zahl dividieren, damit wir einen echten Bruch erhalten)
Man kann durch 8 kürzen:

$$\frac{56}{144} = \frac{7}{18}$$

$\frac{7}{18}$ können wir nun nicht mehr verändern!

c) Dividieren von Brüchen:

$25 : \frac{8}{11}$

Brüche werden dividiert, indem man den Dividend mit dem Kehrwert des Divisors multipliziert. Der Kehrwert von $\frac{8}{11}$ ist $\frac{11}{8}$.

$\Rightarrow 25 \cdot \frac{11}{8} = 34\frac{3}{8}$

Das Rechnen mit Dezimalbrüchen haben wir bereits im Kapitel »Grundrechnen« beschrieben.

Lösungen siehe Seite 125

Maße und Gewichte

A. Für sechs Aufgaben haben Sie fünf Minuten Zeit.

1. 4 Pfund und 30 Gramm sind wie viel Gramm?

a) 430
b) 4030
c) 203
d) 20,3
e) 2030

2. Ein Kanister hat die Innenmaße:
Länge: 80 cm
Breite: 40 cm
Höhe: 60 cm
Wie viele Kubikdezimeter Wasser kann er enthalten?

a) 0,192
b) 192 000
c) 1,92
d) 192
e) 19,2

3. Schreiben Sie 90 Zentner als Tonne.

a) 9
b) 4,5
c) 45
d) 0,45
e) 0,9

4. Ein Pflasterer benötigt für eine Fläche von 50 m^2 Platten, deren Größe 10 mal 20 cm beträgt. Wie viele Platten braucht er?

a) 500
b) 2500
c) 50
d) 250
e) 5000

5. Wie viele Stunden und Minuten sind 18 600 Sekunden?

a) 5 Std. 10 Min.
b) 3 Std. 10 Min.
c) 31 Std.
d) 5 Std.
e) 3 Std.

6. Schreiben Sie 0,55 a als Quadratmeter.

a) 550 m^2
b) 55 m^2
c) 5500 m^2
d) 1100 m^2
e) 5,5 m^2

B. Für die folgenden sechs Aufgaben haben Sie fünf Minuten Zeit.

1. Wie viel Millimeter hat ein Dezimeter?

a) 10
b) 100
c) 1000
d) 0,1
e) 10 000

2. Wie viele Stunden und Minuten sind 17 370 Sekunden?

a) 4 Std. 49 Min. 30 Sek.
b) 4 Std. 35 Min.
c) 3 Std. 15 Min.
d) 48 Std. 55 Min.
e) 4 Std.

3. Schreiben Sie in der nächstgrößeren Einheit: 33 l.

a) 3300 m^3
b) 330 km^3
c) 0,033 m^3
d) 300 dm^3
e) 3,3 m^3

4. Berechnen Sie den Flächeninhalt eines Bildes mit den Seitenlängen 40 mm und 0,2 dm.

a) 4 mm^2
b) 8 dm^2
c) 8 cm^2
d) 80 cm^2
e) 0,8 cm^2

5. Wie viel km sind 12,4 dm?

a) 0,124 km
b) 0,00124 km
c) 0,0124 km
d) 1,24 km
e) 0,000124 km

6. Schreiben Sie 98 Zentner als Tonne.

a) 190 000 t
b) 98 000 t
c) 4,9 t
d) 196 000 t
e) 199 000 t

C. Für die folgenden sechs Aufgaben haben Sie fünf Minuten Zeit.

1. Eine Badewanne hat die Innenmaße:
Länge: 60 cm
Breite: 40 cm
Höhe: 30 cm
Wie viel Kubikmeter Wasser kann sie enthalten?

a) 0,072 m^3
b) 0,024 m^3
c) 0,02 m^3
d) 0,72 m^3
e) 72 000 m^3

2. Wie viel Quadratmeter hat ein Hektar?

a) 1000 m^2
b) 10 000 m^2
c) 100 000 m^2
d) 100 m^2
e) 0,1 m^2

3. Schreiben Sie in der nächstkleineren Einheit: 0,5 kg.

a) 5 g
b) 50 g
c) 5000 g
d) 0,5 t
e) 500 g

4. Wie viel Quadratmeter sind 513 dm^2?

a) 51,3 m^2
b) 510,3 m^2
c) 0,513 m^2
d) 0,0513 m^2
e) 5,13 m^2

5. Daniel möchte einen Morgen Land kaufen. Wie viel Quadratmeter sind das?

a) 1000 m^2
b) 2000 m^2
c) 2885 m^2
d) 2553 m^2
e) 3584 m^2

6. Schreiben Sie 8,0125 a als Quadratmeter.

a) 80,125 m^2
b) 8012,5 m^2
c) 801,25 m^2
d) 80 125 m^2
e) 0,80125 m^2

D. Für die folgenden sechs Aufgaben haben Sie fünf Minuten Zeit.

1. 8 Pfund und 40 Gramm sind wie viel Gramm?

a) 840 g
b) 1680 g
c) 4040 g
d) 2440 g
e) 3560 g

2. Wie viel Kilogramm sind ein Milligramm?

a) 0,000001
b) 0,01
c) 0,001
d) 0,00001
e) 0,1

3. Wie viel Gramm sind ein Doppelzentner?

a) 100 000 g
b) 10 000 g
c) 1 000 000 g
d) 1000 g
e) 100 g

4. Schreiben Sie in der nächstkleineren Einheit:
12,53 km.

a) 125,3 m
b) 12 530 cm
c) 125 300 m
d) 1,253 m
e) 12 530 m
f) 1 253 000 m

5. Wie viel Hektoliter sind 5,1 l?

a) 0,51 hl
b) 0,0051 hl
c) 0,000510 hl
d) 0,0501 hl
e) 0,051 hl

6. Wie viel Hektoliter hat ein Kubikmeter?

a) 1 hl
b) 0,1 hl
c) 100 hl
d) 1000 hl
e) 10 hl

Tipps

Um diese Art von Aufgaben zu lösen, müssen Sie sich die folgenden Tabellen einprägen:

Längenmaße:

	mm	cm	dm	m	km
Millimeter mm =	1	0,1	0,01	0,001	0,000001
Zentimeter cm =	10	1	0,1	0,01	0,00001
Dezimeter dm =	100	10	1	0,1	0,0001
Meter m =	1000	100	10	1	0,001
Kilometer km =	1 000 000	100 000	10 000	1000	1

Flächenmaße:

Metrisch:

1 m^2	=	1 Quadratmeter	=	10 000 cm^2
1 dm^2	=	1 Quadratdezimeter	=	100 cm^2
1 cm^2	=	1 Quadratzentimeter	=	100 mm^2
1 km^2	=	1 Quadratkilometer	=	1 000 000 m^2
1 a	=	1 Ar	=	100 m^2
1 ha	=	1 Hektar	=	10 000 m^2

Nicht metrisch:

1 Morgen = 2553 m^2 (Quadrat mit 50,53 m Seitenlänge)

Lösungen siehe Seite 126

Gewichte und Stückmaße:

	mg	cg	g	kg
Milligramm mg =	1	0,1	0,001	0,000001
Zentigramm cg =	10	1	0,01	0,00001
Gramm g =	1000	100	1	0,001
Kilogramm kg =	1 000 000	100 000	1000	1

100 kg = 1 Doppelzentner (dz)

1000 kg = 1 Tonne (t)

Körper- und Hohlmaße:

1 Kubikzentimeter	cm^3	=	1000 Kubikmillimeter
1 Kubikdezimeter	dm^3	=	1000 Kubikzentimeter
1 Kubikmeter	m^3	=	1000 Kubikdezimeter

	dl	l	hl	m^3
Deziliter dl =	1	0,1	0,001	0,0001
Liter l =	10	1	0,01	0,001
Hektoliter hl =	1000	100	1	0,1
Kubikmeter m^3 =	10 000	1000	10	1

Raummaße:

Metrisch:

1 m^3 = 1 Kubikmeter = 1000 Liter

1 l = 1 Liter = 1 Kubikdezimeter = 1000 cm^3

1 cm^3 = 1 Kubikzentimeter = 1000 mm^3

1 mm^3 = 1 Kubikmillimeter

1 hl = 1 Hektoliter = 100 Liter

Zahlenreihen

A. Sie müssen nun eine nach bestimmten Regeln aufgebaute Folge von Zahlen ergänzen. Für die folgenden zehn Zahlenreihen haben Sie acht Minuten Zeit.

1.	3	9	6	9	27	☐	
2.	0	–1	1	3	–1	4	☐
3.	2	5	11	23	47	☐	
4.	2	12	6	30	25	100	☐
5.	80	40	42	40	20	☐	
6.	3	8	23	68	203	☐	
7.	1	$\frac{1}{2}$	$\frac{5}{2}$	5	$\frac{5}{2}$	$\frac{9}{2}$	☐
8.	7	15	0	8	– 7	☐	
9.	81	9	18	2	11	☐	
10.	323	107	35	11	3	☐	

B. Die folgenden Zahlenreihen sind nach einer bestimmten Regel aufgebaut. Ihre Aufgabe ist es, das nächste Glied (bei einigen Aufgaben auch zwei Glieder) in einer Reihe herauszufinden. Sie haben 20 Minuten Zeit.

1.	3	4	6	9	13	18	24	☐		
2.	4	5	6	8	10	13	16	20	24	☐
3.	6	7	5	8	4	9	3	10	2	☐
4.	3	9	10	5	15	16	8	24	25	☐
5.	8	8	15	13	13	19	16	16	21	☐
6.	1	2	3	5	8	13	21	☐		
7.	9	12	16	20	25	30	36	42	☐	
8.	114	57	60	30	34	17	22	11	☐	
9.	2	3	6	11	18	27	☐			
10.	8	7	7	5	10	7	21	17	☐	
11.	15	19	22	11	15	18	9	☐		
12.	8	15	24	35	48	63	☐			
13.	4	5	7	4	8	13	☐			
14.	27	9	6	18	21	7	4	☐		
15.	39	13	6	30	10	3	☐			
16.	84	21	63	65	64	16	48	50	☐	
17.	200	100	105	35	40	10	☐			
18.	3	6	10	30	35	140	146	730	☐	
19.	75	80	4	45	15	20	5	10	☐	
20.	17	14	7	21	18	9	☐			
21.	199	150	108	73	45	24	☐			
22.	3	5	2	8	13	7	☐			
23.	34	33	66	22	18	90	15	8	☐	
24.	12	19	17	17	23	20	20	25	☐	☐
25.	24	26	11	15	3	9	0	8	☐	☐
26.	11	13	17	25	32	37	47	58	☐	☐

C. Ergänzen Sie sinnvoll die folgenden zehn Zahlenreihen. Sie haben acht Minuten Zeit.

1.	3	5	7	9	11	13	15	☐
2.	27	30	29	32	33	36	35	☐
3.	103	98	103	99	103	100	103	☐
4.	7	10	13	17	21	26	31	☐
5.	10	11	13	14	16	17	19	☐
6.	10	15	22	31	42	55	70	☐
7.	10	11	13	10	14	19	13	☐
8.	2	4	1	4	9	3	21	☐
9.	9	6	3	9	6	3	9	☐
10.	13	21	34	55	89	144	233	☐

D. Für die folgenden zehn Zahlenreihen haben Sie acht Minuten Zeit.

1.	2	4	3	9	8	64	63	☐
2.	10	5	20	10	30	15	30	☐
3.	54	52	26	24	12	10	5	☐
4.	18	20	40	42	84	86	172	☐
5.	100	50	52	26	28	14	16	☐
6.	10	20	40	30	60	120	110	☐
7.	33	30	15	45	42	21	63	☐
8.	20	5	9	36	40	10	14	☐
9.	12	9	27	30	10	7	21	☐
10.	18	20	10	14	6	12	6	☐

E. Sie haben zum Lösen der folgenden zehn Zahlenreihen acht Minuten Zeit.

1.	15	10	13	8	11	6	☐	
2.	5	3	6	2	7	1	☐	
3.	5	2	6	2	8	3	☐	
4.	16	4	8	9	3	6	7	☐
5.	1	1	3	9	12	144	☐	
6.	–10	50	45	–180	–184	552	☐	
7.	5	4	7	6	10	9	☐	
8.	32	16	21	7	12	3	☐	
9.	18	9	36	28	112	105	☐	
10.	5	12	10	10	16	13	26	☐

F. Für die Bearbeitung der folgenden 23 Zahlenreihen haben Sie 30 Minuten Zeit. Ihre Aufgabe besteht darin, die richtige Fortsetzung der Reihen zu finden.

1.	6	7	9	10	12	13	15	☐
2.	17	21	26	31	37	43	50	☐
3.	3	6	8	9	12	14	15	☐
4.	7	4	9	6	11	8	13	☐
5.	9	8	11	6	13	4	15	☐
6.	5	7	14	16	32	34	68	☐
7.	21	23	20	24	19	25	18	☐
8.	1	2	4	7	11	16	22	☐
9.	19	28	20	27	21	26	22	☐
10.	15	18	22	11	14	18	9	☐
11.	1	9	2	8	3	7	4	☐
12.	47	38	30	23	17	12	8	☐
13.	15	18	6	9	3	6	2	☐
14.	5	35	28	4	11	77	70	☐
15.	3	8	16	20	40	43	86	☐
16.	1	7	2	6	3	5	4	☐

17.	3	5	10	13	39	43	172	☐
18.	9	10	12	9	13	18	12	☐
19.	15	19	22	11	15	18	9	☐
20.	8	6	3	5	10	8	4	☐
21.	14	5	15	7	21	14	42	☐
22.	13	17	22	27	33	39	46	☐
23.	2	3	5	6	8	9	11	☐

G. Für die folgenden 23 Aufgaben haben Sie 20 Minuten Zeit.

1.	9	16	23	30	37	44	51	☐
2.	4	1	6	3	8	5	10	☐
3.	5	40	32	4	12	96	88	☐
4.	1	4	6	9	11	14	16	☐
5.	3	6	9	12	15	18	21	☐
6.	4	2	5	3	6	4	7	☐
7.	12	14	11	15	10	16	9	☐
8.	7	5	8	6	9	7	10	☐
9.	6	7	9	12	16	21	27	☐
10.	8	11	13	16	18	21	23	☐
11.	13	12	15	10	17	8	19	☐
12.	14	21	30	41	54	69	86	☐
13.	58	49	41	34	28	23	19	☐
14.	1	3	6	9	27	31	124	☐
15.	11	14	16	17	20	22	23	☐
16.	1	3	6	8	16	18	36	☐
17.	5	6	4	6	7	5	7	☐
18.	19	20	22	19	23	28	22	☐
19.	2	20	4	18	6	16	8	☐
20.	25	34	26	33	27	32	28	☐
21.	6	11	22	26	52	55	110	☐
22.	21	28	37	48	61	76	93	☐
23.	15	6	18	10	30	23	69	☐

H. Für die folgenden zehn Aufgaben haben Sie zehn Minuten Zeit.

1.	18	28	23	33	28	38	33	☐
2.	2	4	3	5	3	5	2	☐
3.	5	10	12	19	21	30	32	☐
4.	8	13	52	57	228	233	932	☐
5.	30	26	52	47	94	88	176	☐
6.	15	17	22	30	41	55	72	☐
7.	75	78	68	71	61	64	54	☐
8.	19	20	22	25	29	34	40	☐
9.	1	5	4	20	18	90	87	☐
10.	9	19	14	24	19	29	24	☐

I. Für die folgenden 20 Zahlenreihen haben Sie 20 Minuten Zeit.

1.	9	19	14	24	19	☐
2.	3	5	4	6	4	☐
3.	6	11	13	20	22	☐
4.	1	6	24	29	116	☐
5.	2	$\frac{1}{3}$	$\frac{2}{3}$	$\frac{1}{9}$	$\frac{2}{9}$	☐
6.	3	–1	–2	–7	–14	☐
7.	1	3	8	16	27	☐
8.	1	21	10,5	40,5	13,5	☐
9.	2	5	–5	–2	–12	☐
10.	3	4	6	9	13	☐
11.	4	8	16	32	64	☐
12.	5	9	4,5	8,5	4,25	☐
13.	6	30	29	145	143	☐
14.	7	9	13	19	27	☐
15.	8	9	12	17	24	☐
16.	3	13	8	18	13	☐
17.	8	13	52	57	228	☐
18.	4	$\frac{2}{3}$	$\frac{4}{3}$	$\frac{2}{9}$	$\frac{4}{9}$	☐
19.	2	–2	–4	–9	–18	☐
20.	1	4	–6	–3	–13	☐

J. Für die folgenden 20 Aufgaben haben Sie 18 Minuten Zeit.

1.	6	2	4	–1	–2	–8	☐
2.	24	26	31	39	50	64	☐
3.	8	32	27	108	103	412	☐
4.	2	5	–15	–12	–22	–19	☐
5.	18	16	32	34	17	15	☐
6.	12	10	13	9	14	8	☐
7.	0	1	3	6	10	15	☐
8.	12	16	8	12	6	10	☐
9.	7	35	34	170	168	840	☐
10.	20	30	25	35	30	40	☐
11.	5	7	6	8	6	8	☐
12.	2	7	9	16	18	27	☐
13.	9	14	56	6	244	249	☐
14.	1	$\frac{1}{6}$	$\frac{1}{3}$	$\frac{1}{18}$	$\frac{1}{9}$	$\frac{1}{54}$	☐
15.	3	–1	–2	–7	–14	–20	☐
16.	9	11	16	24	35	49	☐
17.	1	4	–6	–3	–13	–10	☐
18.	3	9	6	18	15	45	☐
19.	5	3	6	8	4	2	☐
20.	36	35	33	30	26	21	☐

Tipps

Dieser Aufgabentyp prüft sowohl logisches Denken als auch gewisse Rechenfähigkeiten. Mit den folgenden Regeln lassen sich Zahlenreihen »knacken«:

1. Lässt sich das Aufbauprinzip, -system der Zahlenreihe »auf einen Blick« erkennen?

   Beispiel: 3 6 9 12 15 18 ☐
   (Einmaleins der 3, also 21, auch für Nichtmathematiker leicht erkennbar)

2. Werden die Zahlen größer oder kleiner (a) oder abwechselnd größer und kleiner (b) bzw. kleiner und größer (c)?

   Beispiel: (a/1): 9 11 12 14 15 17 18 ☐
   (Hier wird jede Zahl größer als die vorhergehende, das Anwachsen aber ist unregelmäßig, System: + 2 + 1 + 2 + 1 usw.; Lösung: 20)

   Beispiel: (a/2): 30 25 20 15 10 ☐
   (Hier nehmen die Zahlen ab; System: – 5; Lösung: 5)

   Beispiel: (b): 15 25 20 30 25 35 30 40 ☐
   (Hier nehmen die Zahlen unregelmäßig abwechselnd zu und ab; System: + 10, – 5; Lösung: 35)

   Beispiel: (c): 15 10 20 15 25 ☐
   (System: – 5 + 10; Lösung: 20)

3. Bei einer Zahlenreihe, die nach einem kontinuierlich anwachsenden oder abnehmenden Prinzip aufgebaut ist, berechnet man die Differenzen zwischen den benachbarten Zahlen und versucht dadurch, eine Regelmäßigkeit dieser Differenzen herauszufinden.

   Beispiel: 50 46 42 38 34 30 □
   (Die Differenz beträgt regelmäßig 4; Lösung: 26)
   Beispiel: 10 11 13 16 20 25 □
   (Die Zahlenreihe steigt unregelmäßig an, aus den Differenzen erkennen wir das zugrunde liegende System + 1 + 2 + 3 + 4 + 5 usw.; Lösung: + 6; 31)

   Sind die Differenzen zwischen den einzelnen Zahlen unregelmäßig und durch Addition oder Subtraktion nicht zu erklären, wachsen oder vermindern sie sich sehr schnell, hat man es mit einer Multiplikation bzw. Division zu tun.

   In den folgenden Beispielen funktioniert die Regel 3 nicht mehr:
   a) 100 50 25 12,5 6,25 □
   (System: geteilt durch 2; Lösung: 3,125)

   Beispiel: 1 4 16 64 □
   Die Differenzen 3, 12, 48 ermöglichen kein klares Bild über das System der Zahlenreihe. Der Aufbau ist komplizierter, und hierfür gilt:

4. Wenn bei Anwendung der dritten Regel keine Lösung gefunden werden kann, überprüft man, ob die jeweilige Zahl ein Vielfaches der vorherigen oder nachfolgenden darstellt. Dabei dividiert man jede Zahl entweder
   a) durch die vorherige Zahl, wenn die Reihe anwachsend ist, oder
   b) durch die nachfolgende Zahl, wenn die Reihe abnehmend ist.

Stellt man dabei fest, dass der Quotient immer gleich ist, dann ist dieser im Falle a) mit der letzten Zahl zu multiplizieren; im Falle b) muss die letzte Zahl durch ihn dividiert werden.

5. Folgen die Zahlenwerte einer Reihe keinem konstant zunehmenden oder abnehmenden Prinzip, sollte man versuchen,
   - › die Zahlenreihe in zwei oder mehr getrennte Reihen zu teilen, die einem konstanten Aufbauprinzip folgen, und dann
   - › die Regeln 1 bis 4 bei jeder dieser Reihen extra anzuwenden.

Beispiel: 3 17 14 5 11 8 7 5 □

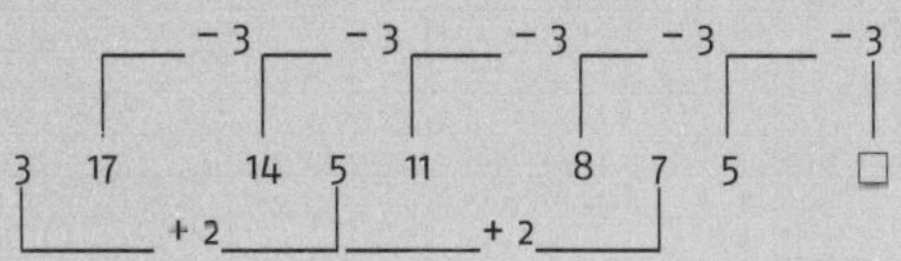

Nach dem Prinzip, getrennte Reihen zu erstellen, finden wir eine Beziehung zwischen den Zahlenreihengliedern 3, 5 und 7 und zwischen 17, 14, 11, 8 und 5 (der erste Schritt ist also: Zerlegung der Zahlenreihe in zwei getrennte Reihen). Der zweite Schritt ist dann ganz einfach: Die Abstände sind überschaubar, bei der einen Reihe + 2, bei der anderen − 3. Die richtige Lösung ist also: 2.

Ein weiteres Beispiel, in dem der Lösungsweg durch drei getrennte Reihen erarbeitet werden kann:

A	+ 2			− 2			+ 2			− 2
	6	8	16	15	13	26	27	29	58	□
B			− 1			+ 1			− 1	
C		· 2			· 2			· 2		

Die komplizierte Zahlenreihe 6 8 16 . . . wurde in A, B und C zerlegt (A + 2 − 2, B − 1 + 1, C · 2), und damit ist das System überschaubar und »geknackt«.

System: + 2 · 2 – 1/ – 2 · 2 + 1/ + 2 · 2 – 1/usw.
Lösung: 57

Die am häufigsten eingesetzten Systeme für Zahlenreihen in den gängigen Testverfahren sind:

Einfache Systeme:
+ 1 + 2/ + 1 + 2/ ...
+ 1 + 1/ + 2 + 2/ + 3 + 3/ ...
+ 5 + 5/ + 6 + 6/ + 7 + 7/ ...
+ 3 + 5 + 7 + 9 + 11 ... (immer + 2)

Ganz einfache Systeme, in der Regel Addition kleinerer Zahlen, befinden sich meistens am Anfang eines Aufgabenblocks mit Zahlenreihen.

Mittelschwere Systeme:
– 2 : 2/ – 2 : 2/ ...
+ 2 · 2/ + 2 · 2/ ...
· 2 + 2/ · 2 + 2/ ...
: 2 + 2/ : 2 + 2/ ...
– 5 + 3/ – 5 + 3/ ...
– 2 + 3 – 4 + 5 – 6 + 7 ... (Das System wächst jeweils um 1, abwechselnd + / – .)
– 2 · 2/ – 3 · 3/ – 4 · 4/ ...
– 1 + 3/ – 1 + 4/ – 1 + 5/ – 1 + 6/ ... (Die erste Zahl bleibt gleich, die zweite vergrößert sich um + 1.)
– 9 · 3/ – 8 · 3/ – 7 · 3/ – 6 · 3/ ...
– 9 · 4/ – 8 · 4/ – 7 · 4/ – 6 · 4/ ...
: 2 + 5/ : 3 + 5/ : 4 + 5/ : 5 + 5/ ...

Schwere Systeme:
+ 1 + 2 – 3/ + 4 + 5 – 6/ + 7 + 8 – 9/ ... (Das System: + + – , die Zahlen vergrößern sich kontinuierlich um 1.)
+ 2 – 3 · 4/ + 5 – 6 · 7/ + 8 – 9 · 10/ ...

· 3 : 4 – 5/ · 6 : 7 – 8/ · 9 : 10 – 11/ ...

+ 4 + 3 : 2/ + 4 + 3 : 2/ + 4 + 3 : 2/ ...

· 3 · 3 – 10/ · 3 · 3 – 10/ ...

– 3 : 2 · 3/ – 3 : 2 · 3/ ...

: 3 – 7 · 5/ : 3 –7 · 5/ ...

· 3 + 1 : 2/ · 3 + 1 : 2/ ...

+ 1 : 2 – 4/ + 1 : 2 – 4/...

+ 7 – 2 · 1/ + 6 – 3 · 1/ + 5 – 4 · 1/ ... (Hier verändern sich immer die ersten beiden Zahlen.)

+ 2 · 2 – 1/ – 2 · 2 + 1/ + 2 · 2 – 1/ ... (Hier verändern sich das erste und das letzte Rechenzeichen.)

– 2 · 2 + 2 : 2/ – 2 · 2 + 2 : 2/ ...

: 4 + 4 · 4 + 4/ : 4 + 4 · 4 + 4/ ...

· 5 – 5 : 5 + 5/ · 5 – 5 : 5 + 5/ ...

· 7 – 7 : 7 + 7/ · 7 – 7 : 7 + 7/ ...

Die hier präsentierten Systeme sind Hintergrund vieler Matrizen- und Zahlenreihenaufgaben, die Ihnen in der realen Testsituation vorgelegt werden.

Lösungen siehe Seite 126 f.

Zahlenmatrizen

A. Hier sind in einem bestimmten Zusammenhang stehende Zahlenfolgen zu ergänzen. Für die folgenden neun Aufgaben haben Sie 20 Minuten Zeit.

1.

2	4	6	8
3	5	7	9
1	3	□	7
□	6	8	□

2.

12	34	56
23	□	67
34	56	78

3.

16	64	68
12	48	□
8	32	36

4.

48	51	17	20
51	54	□	21
□	60	20	23

5.

5	3	6
2	□	1
8	0	9

6.

1	4	9
16	25	□
49	64	81

7.

52	55	58
67	64	61
□	73	76

8.	3	11	7	9
	9	11	7	15
	15	□	19	21
	27	29	25	□

9.	156	148	37	39
	64	56	14	16
	24	16	□	6
	12	4	1	□

B. Für die folgenden neun Aufgaben haben Sie 20 Minuten Zeit.

1.	5	8	11	14
	6	9	12	15
	4	7	□	13
	□	10	13	□

2.	6	22	38
	14	□	46
	22	38	54

3.	11	55	60
	6	30	□
	1	5	10

4.	8	10	5	7
	10	12	6	8
	12	14	□	9
	□	16	8	10

5.	10	7	11
	6	□	5
	13	4	4

6.

25	5	25
16	4	☐
49	7	49

7.

6	12	18
16	10	4
26	☐	38

8.

13	15	11	19
7	15	11	13
1	☐	– 1	7
– 11	– 3	– 7	☐

9.

112	104	26	28
124	116	29	31
240	232	☐	60
136	☐	32	34

C. Für die folgenden zehn Aufgaben haben Sie 20 Minuten Zeit.

1.

0	2	4
2	4	6
4	6	☐

2.

5	8	11
3	6	☐
1	4	7

3.

40	25	10
32	17	2
24	9	☐

4.	216	36	6
	72	12	2
	24	4	□

5.	16	4	1
	32	□	2
	64	16	4

6.	3	12	48
	9	36	144
	□	108	432

7.	77	64	51
	90	77	64
	□	90	77

8.	9	8	6
	6	5	3
	2	1	□

9.	18	35	52
	9	26	43
	□	17	34

10.	6	24	8
	2	8	$\frac{8}{3}$
	8	32	□

Tipps

Zahlenmatrizen löst man auf demselben Weg wie Zahlenreihen. Deshalb setzt man sich am besten zuerst mit den Zahlenreihen auseinander.
Auch bei Zahlenmatrizen gibt es verschiedene Systeme. Zur Lösung muss man herausfinden, wie die verschiedenen Reihen von Zahlen zusammenhängen.

Lösungen siehe Seite 128 f.

Dominos

Welcher Dominostein aus der rechten Lösungsgruppe passt in die linke Dominogruppe? Gesucht wird der Stein, der durch seine Punktzahl oben und unten die linke Dominogruppe logisch sinnvoll ergänzt. Dazu zwei Beispiele:

1. Beispiel:

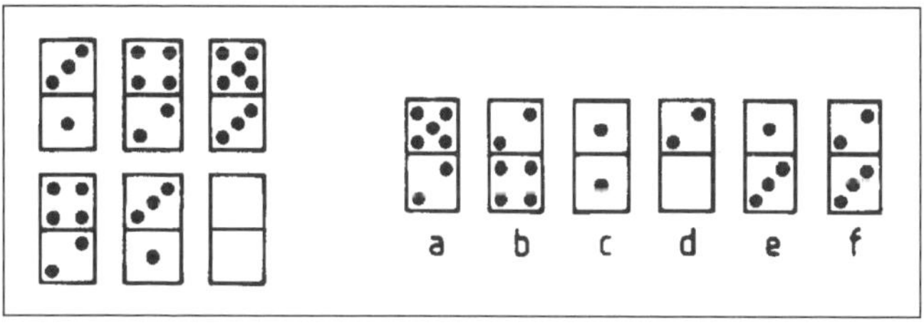

Lösung: d

Die erste Reihe Dominosteine baut sich im oberen (3-4-5 Punkte) wie im unteren Feld (1-2-3 Punkte) nach dem System + 1 auf. Das Aufbauprinzip der zweiten Reihe Dominosteine ist entsprechend, aber nach dem System – 1.

2. Beispiel:

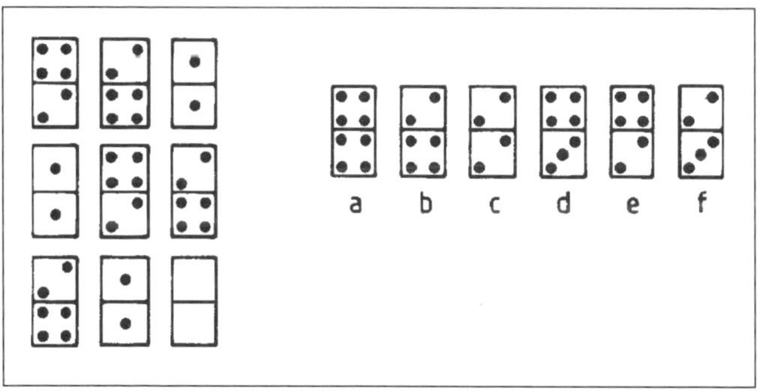

Lösung: e

Jetzt haben wir es mit drei Dominoreihen zu tun, die wir uns anschauen müssen. Auch hier gilt es, ein gemeinsames System festzustellen. Jede Reihe Dominosteine hat die Kombination 4-2, 2-4 (die Umkehrung und einen 1-1-Stein). Diese Steinkombination wird lediglich unterschiedlich angeordnet. In der ersten Reihe ist der 1-1-Stein in der letzten Position, in der zweiten Reihe in der ersten, in der dritten Reihe in der zweiten Position.

A. Für die folgenden 15 Aufgaben haben Sie 20 Minuten Bearbeitungszeit.

1.

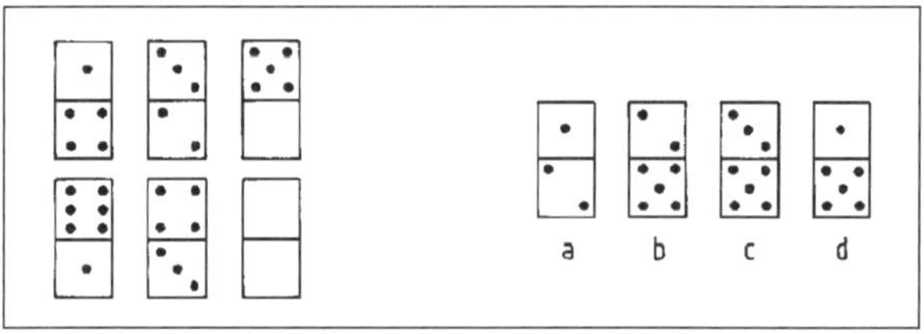

2.

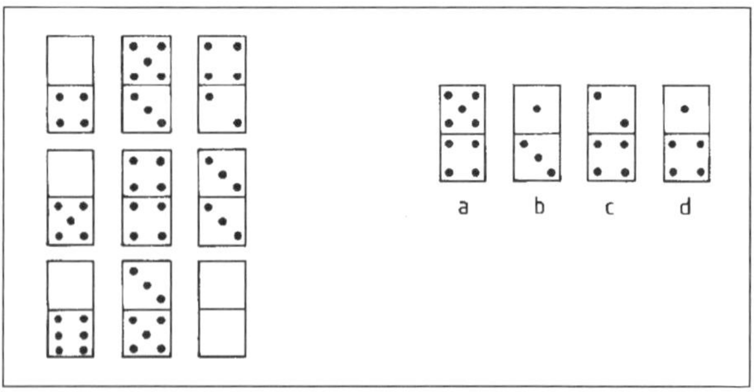

3.

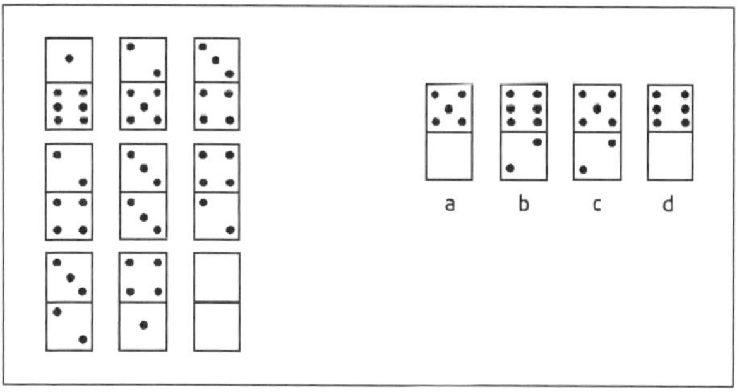

4.

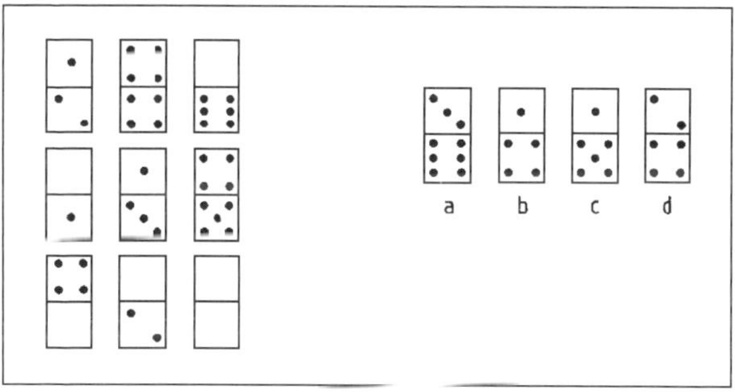

5.

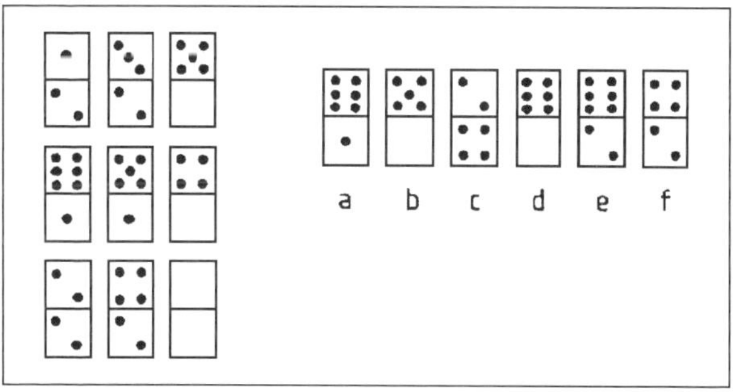

6.

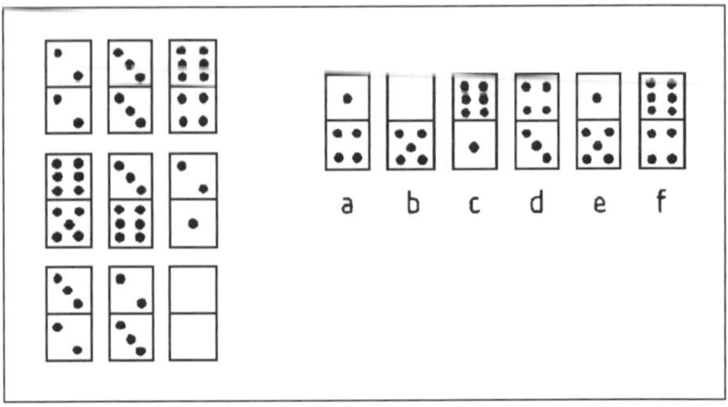

7.

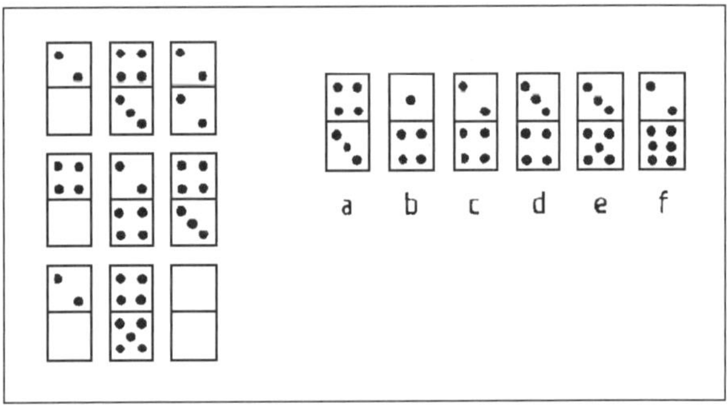

8.

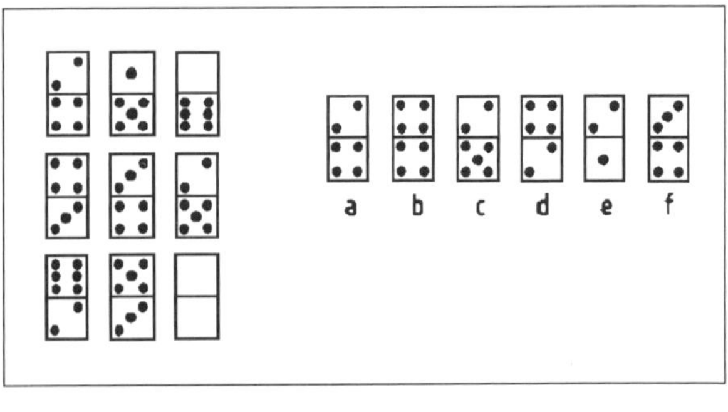

9.

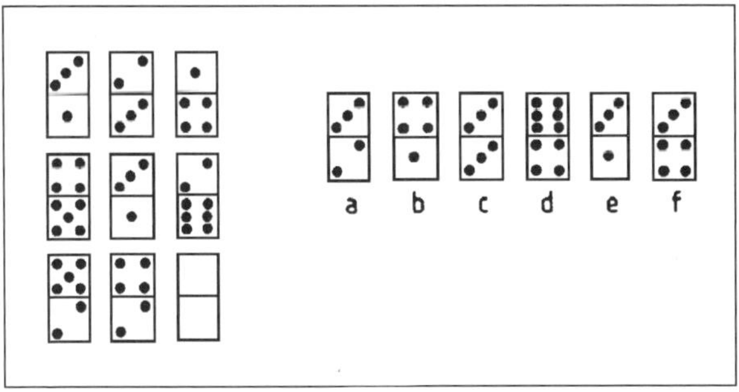

10.

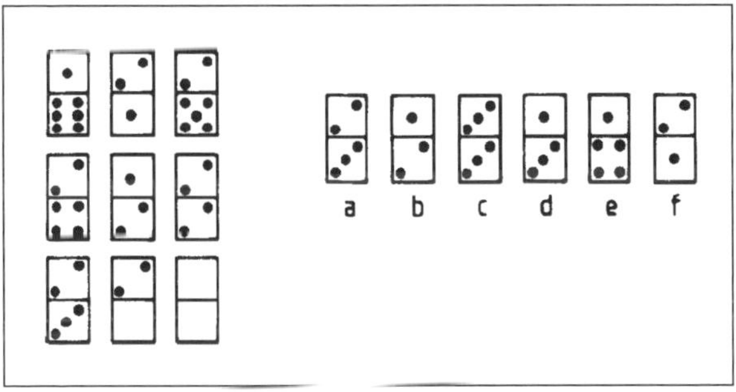

11.

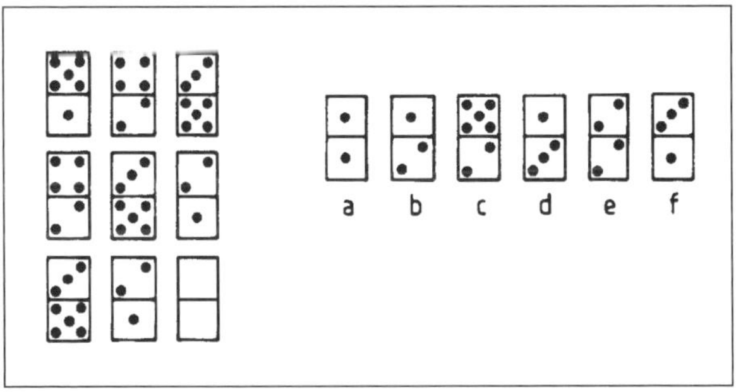

12.

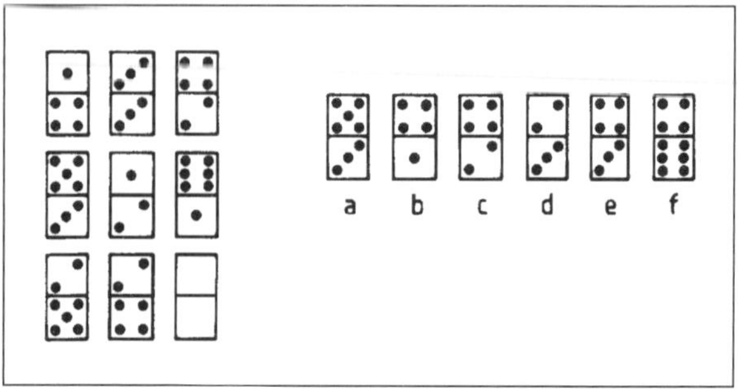

13.

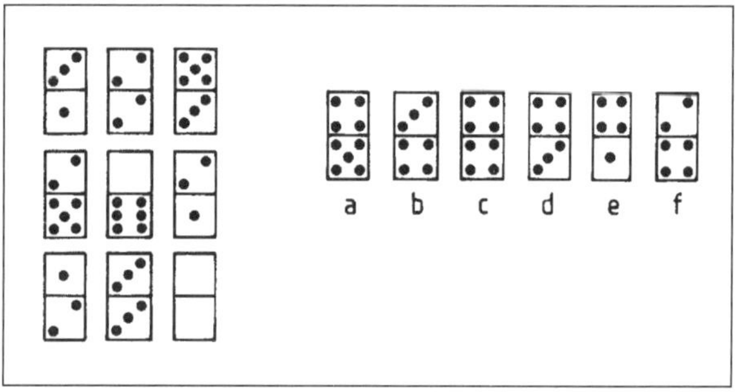

14.

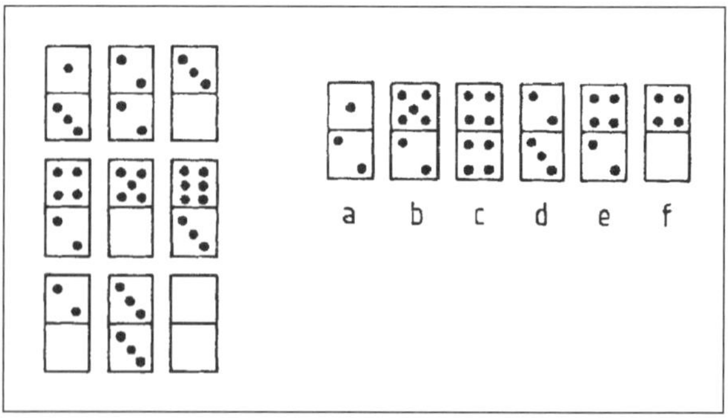

15.

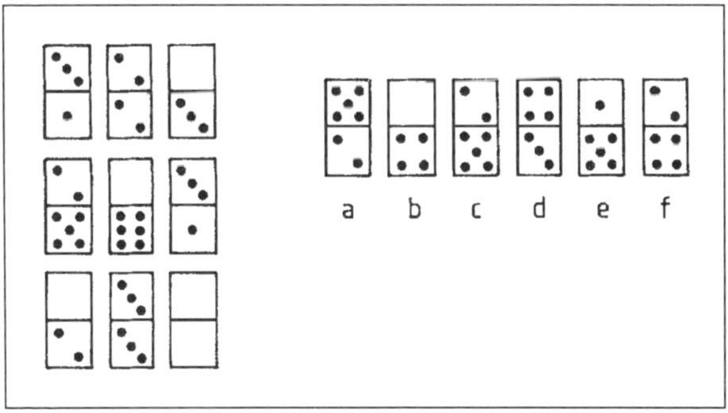

Tipps

Die Aufgaben sehen komplizierter aus, als sie wirklich sind. Im Hintergrund geht es um einfachste Rechenaufgaben. Die Verwandtschaft zu Zahlenreihen ist aufgrund der Leichtigkeit bei den Dominorechnungen kaum erwähnenswert.

Wichtig! Sehen Sie sich zunächst einmal die Abfolge der oberen Felder einer Dominoreihe an. Wie verhalten sich die Punkte (Zahlen) zueinander? Meistens wird addiert oder subtrahiert (1, 2, 3 oder 2, 4, 6 etc.), aber auch 5, 4, 3 Punkte sind das simple System einer Reihe. In der nächsten Reihe Dominosteine im oberen Feld verhält es sich ähnlich. Und in der dritten Reihe ist der letzte Dominobaustein dann von Ihnen aus einer vorgegebenen Lösungszahl auszuwählen.

Haben Sie sich die oberen Felder einer ersten, zweiten und dritten Reihe angesehen, die sich übrigens nicht notwendigerweise logisch aneinander schließen müssen, machen Sie das mit den unteren Feldern genauso. Auch hier muss sich der dritte Dominostein einer Reihe nicht an den ersten der folgenden Reihe logisch anschließen (er könnte es aber).

Manchmal werden die Zahlensymbole aber auch einfach nur von links nach rechts vertauscht. Ist die Abfolge (in Worten) fünf –

drei – zwei, wandert zunächst die Zwei nach vorne, und wir haben zwei – fünf – drei, und danach die Drei, und wir haben drei – zwei – und ... ☐ ... also ein leeres Feld, das jetzt die Fünf tragen müsste. Ein gutes Beispiel dafür ist die Aufgabe 4 im Teil A. Andererseits können die Zahlensymbole auch durch einfache Rechenoperationen entstehen. Ein Beispiel dafür ist die Aufgabe 15. Dort werden die Zahlen der ersten beiden oberen Felder addiert und ergeben dann die Zahl des dritten Feldes oben.
Mit ein bisschen Übung haben Sie rasch alle Möglichkeiten geknackt und mit Hilfe der Ausschlussmethode (welcher Lösungsvorschlag kommt garantiert nicht in Frage?) schnell die Lösungsmöglichkeiten eingegrenzt.

B. Für die folgenden 14 Aufgaben haben Sie 20 Minuten Bearbeitungszeit.

1.

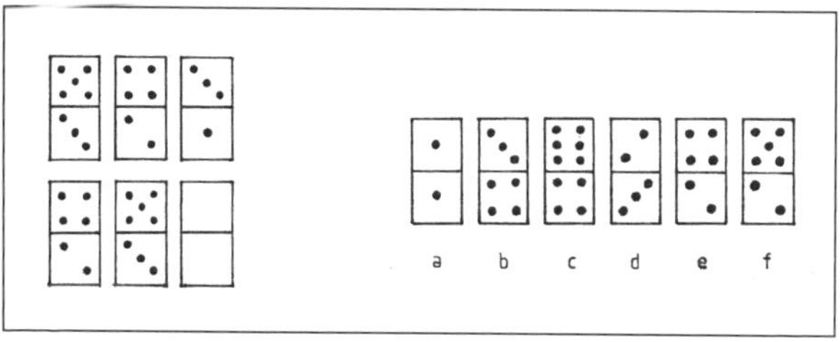

2.

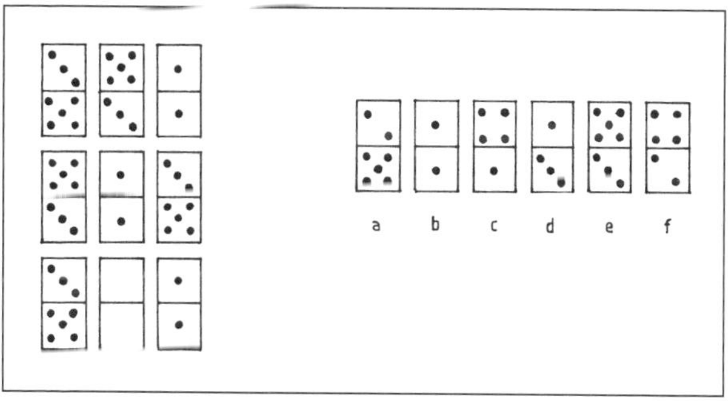

3.

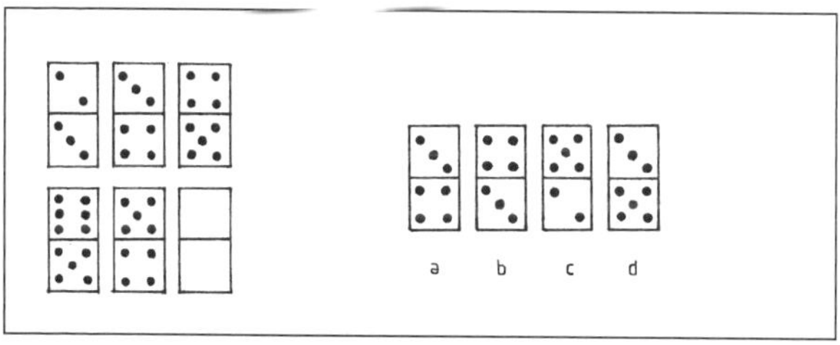

4.

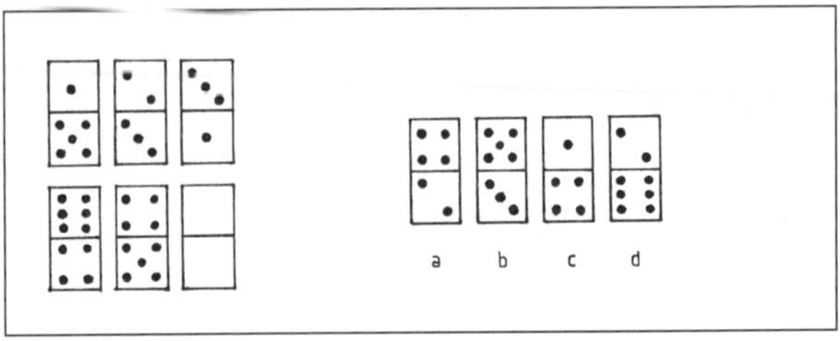

5.

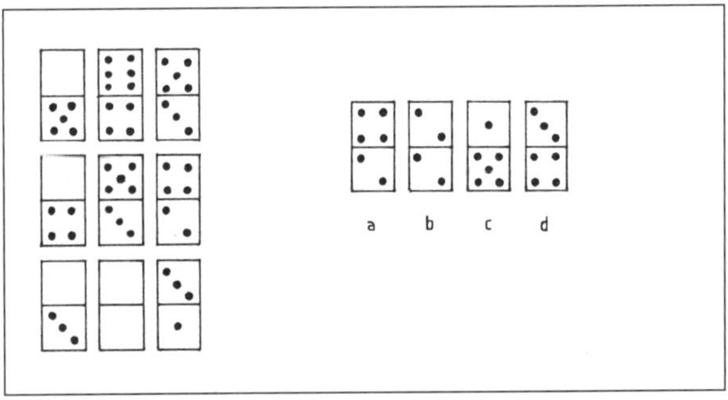

6.

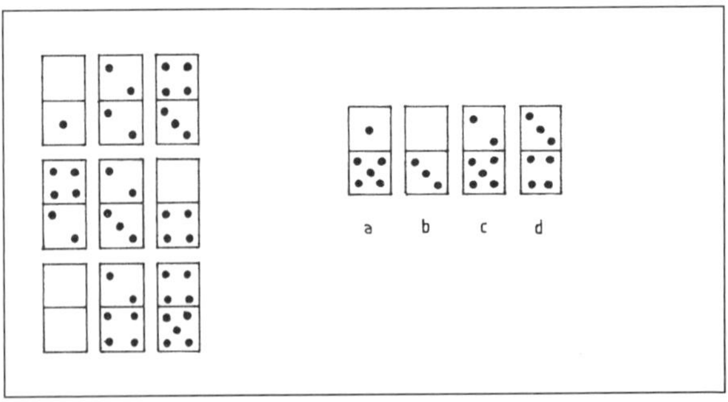

7.

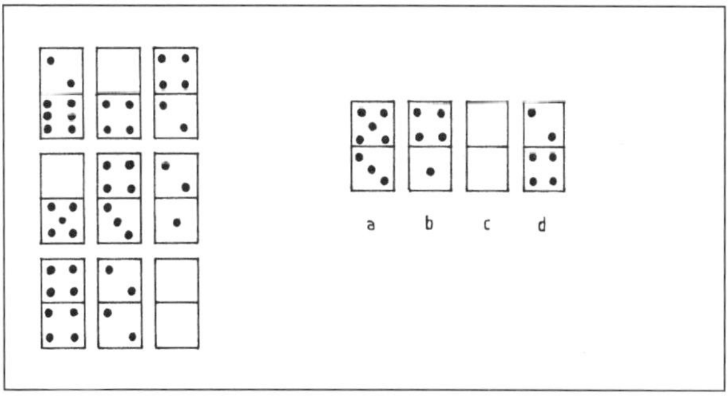

8.

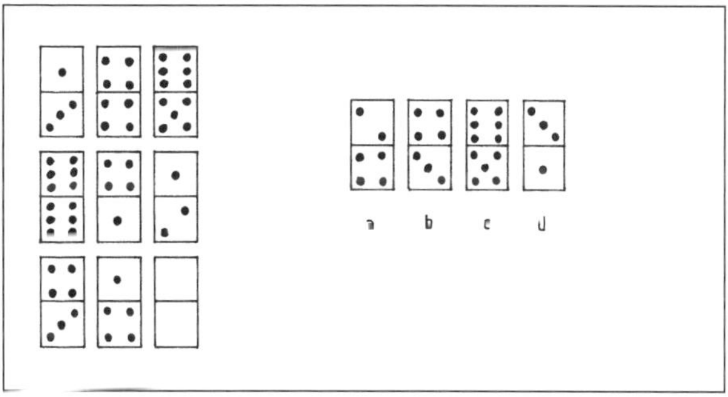

9.

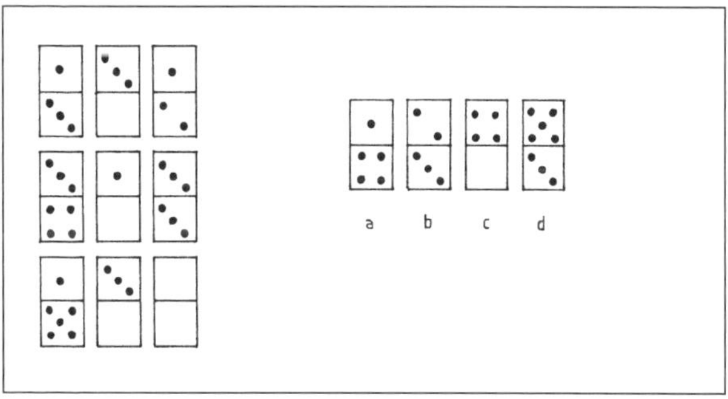

10.

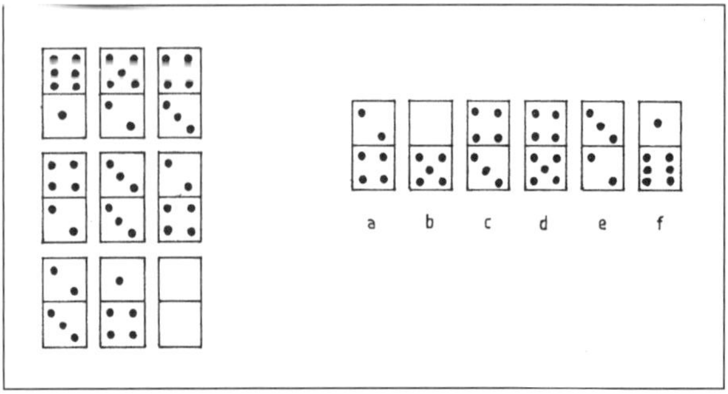

11.

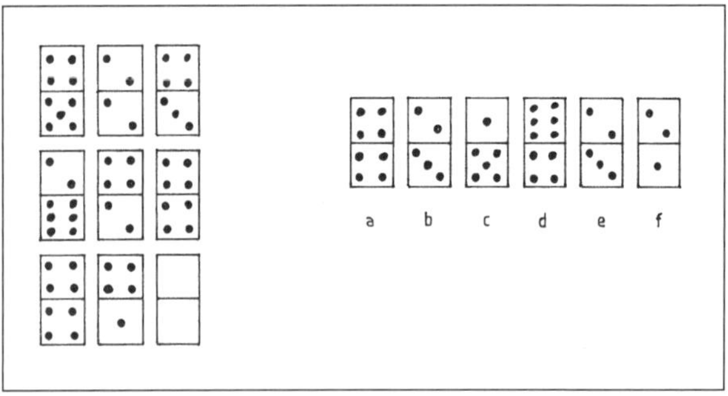

12.

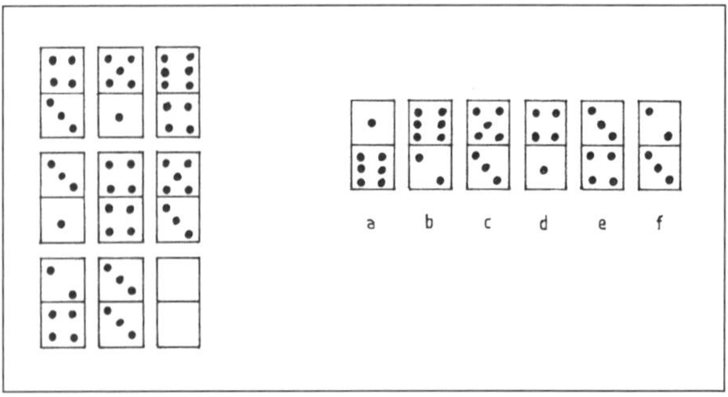

13.

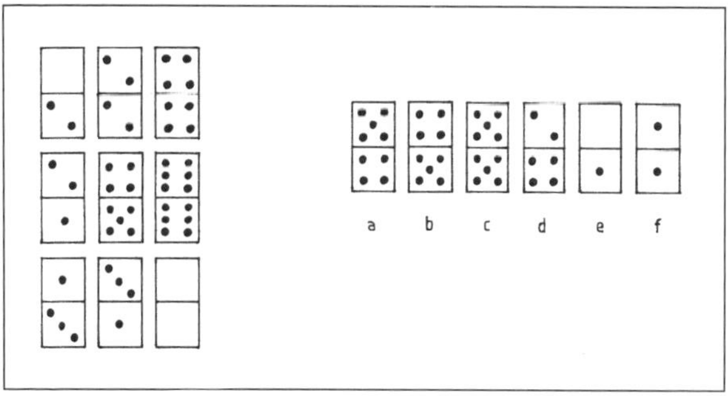

14.

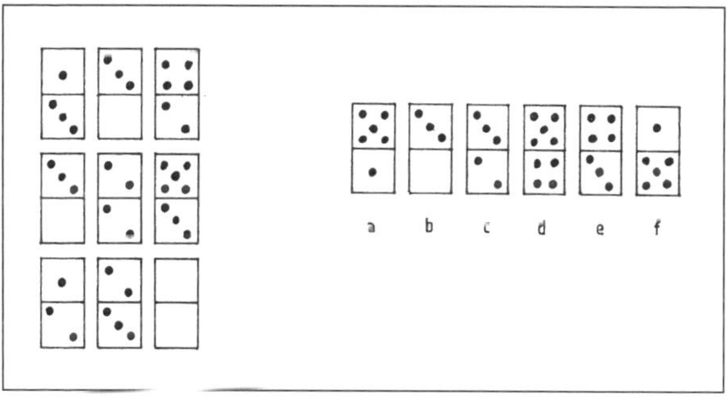

Figurenreihen

Die folgenden Aufgaben sind im Prinzip ähnlich zu lösen wie die Zahlenreihen: Oben befinden sich jeweils vier Figuren. Ihre Reihenfolge unterliegt einem Gesetz. Ist dieses Gesetz erkannt, kann aus den sechs Lösungsvorschlägen leicht diejenige Figur herausgefunden werden, die als Nächste in die Reihe der vier Figuren gehört. Ein Beispiel soll zeigen, was gemeint ist:

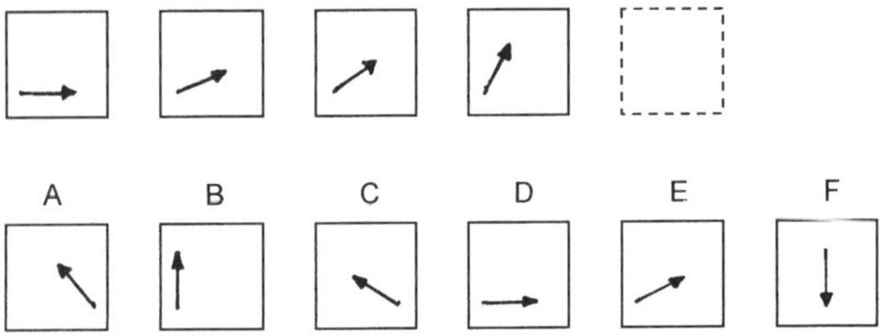

Lösung: B

Der Zeiger hebt sich in jeder der vier Figuren um den gleichen Betrag im Vergleich zur Stellung in der vorhergehenden Figur. Als die gesuchte fünfte Figur kommt von den Lösungsvorschlägen A, B, C, D, E, F nur B in Frage, weil der Zeiger nun senkrecht stehen muss, wenn er sich wieder um den gleichen Betrag heben soll.

Für die folgenden acht Aufgaben haben Sie acht Minuten Bearbeitungszeit.

1.

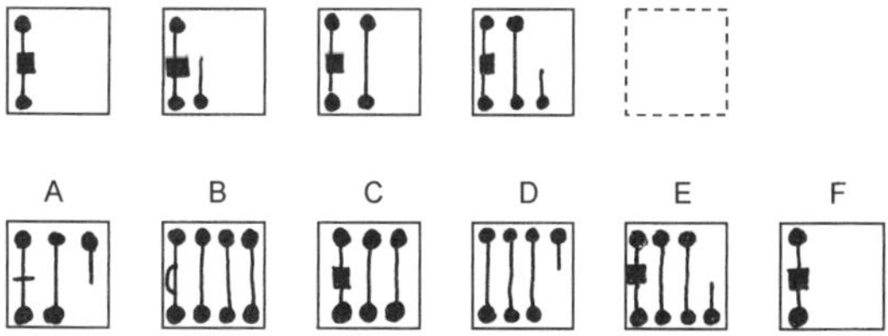

2.

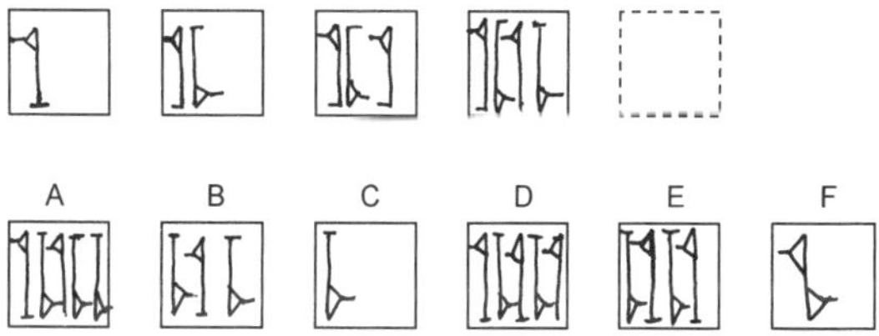

3.

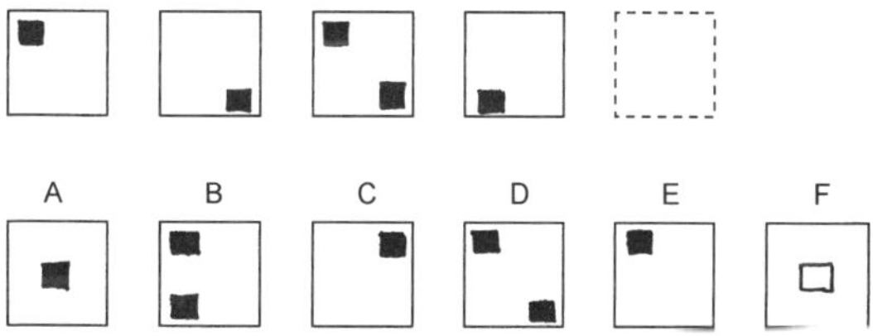

4.

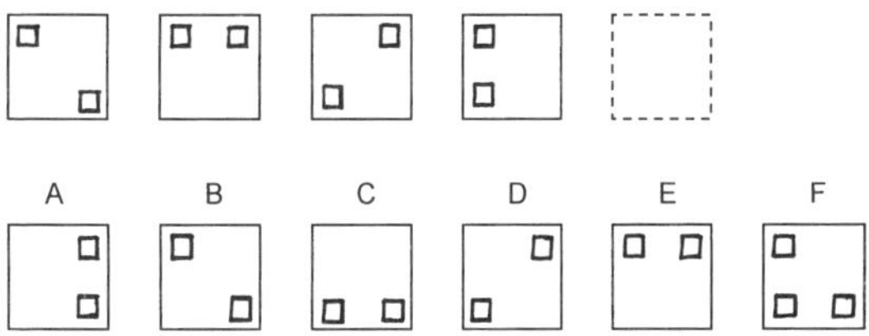

5.

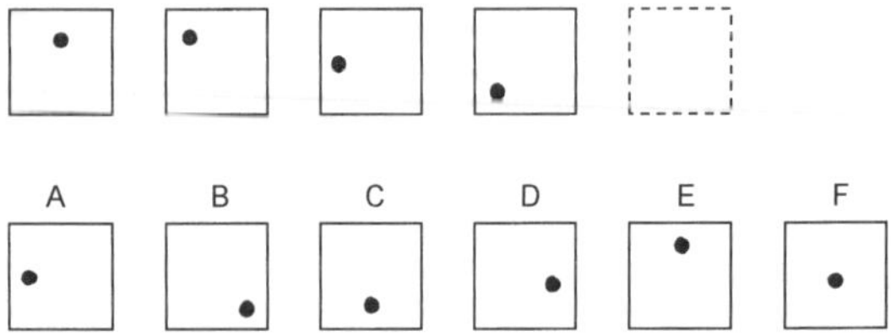

6.

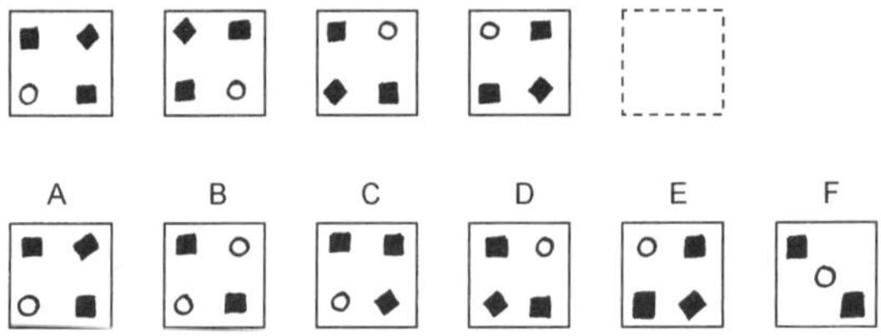

7.

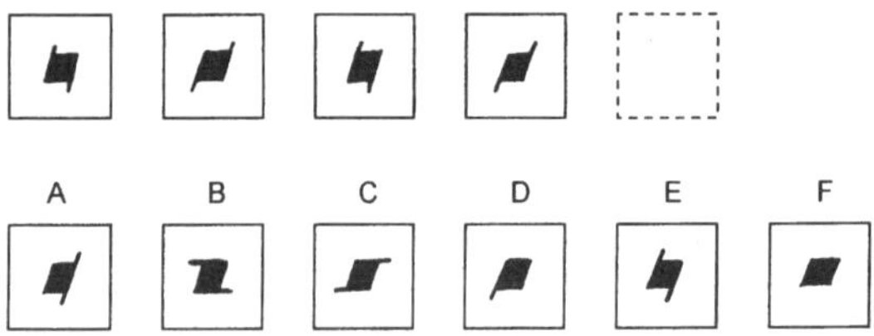

8.

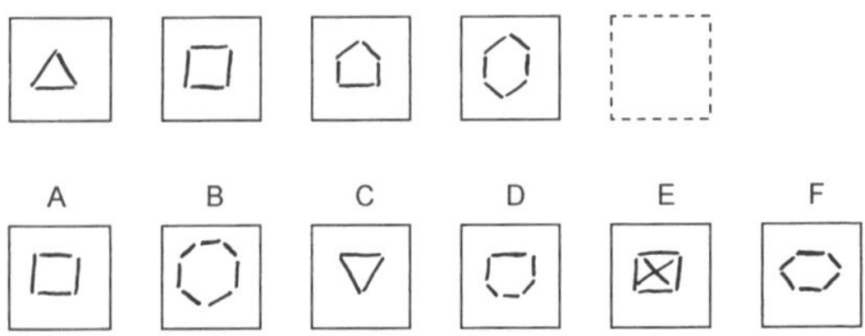

Für die folgenden elf Aufgaben haben Sie elf Minuten Bearbeitungszeit.

1.

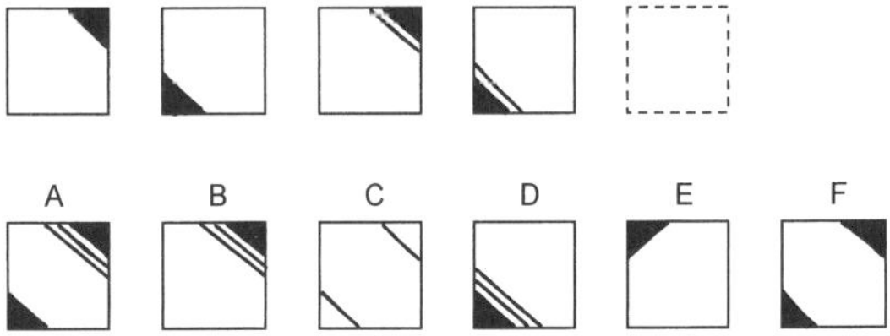

2.

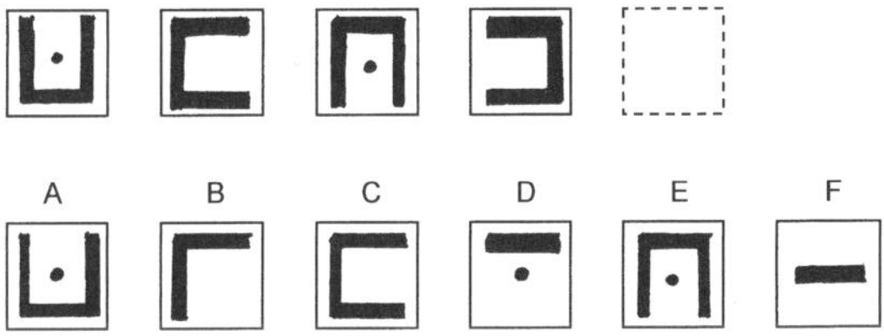

3.

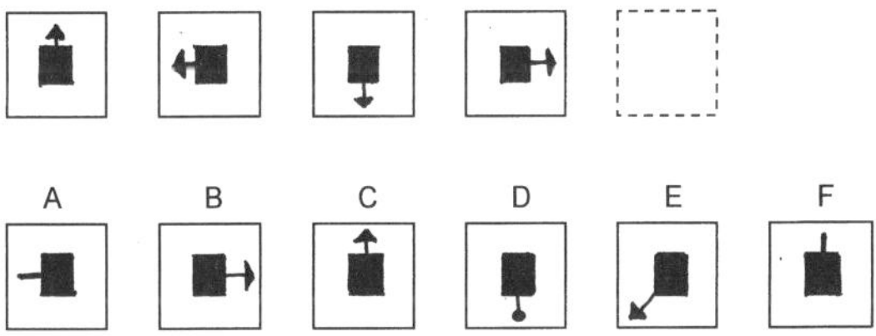

4.

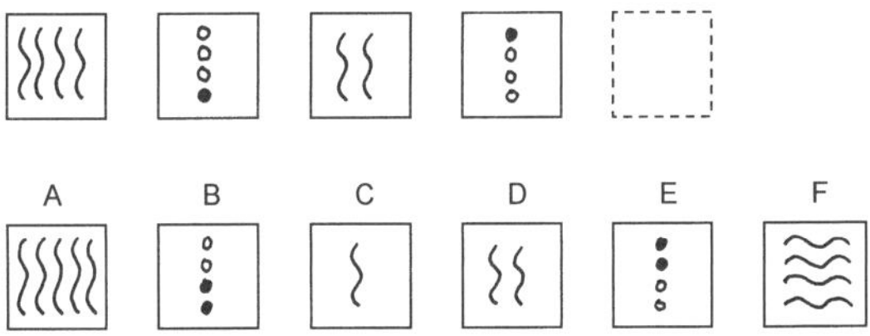

5.

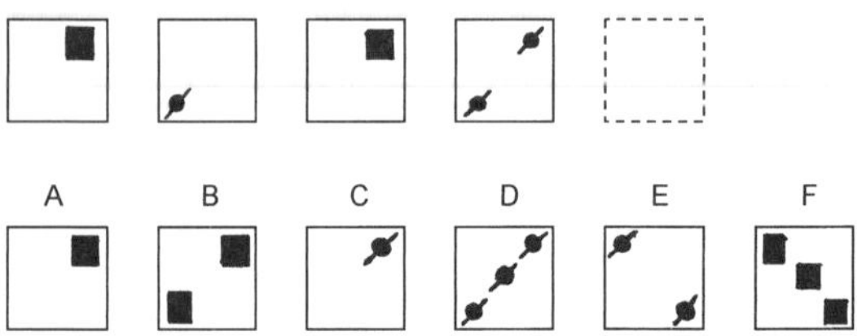

6.

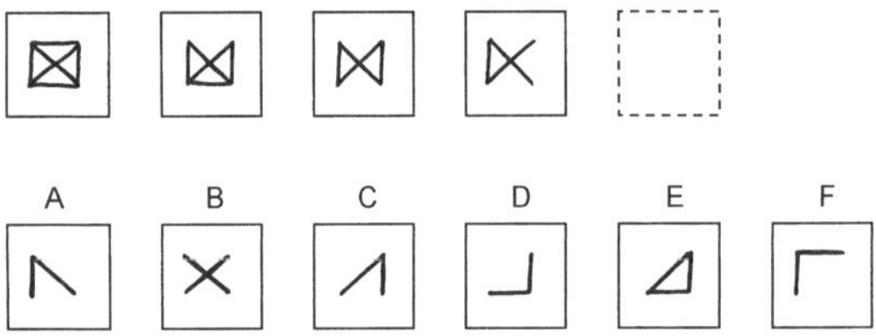

7.

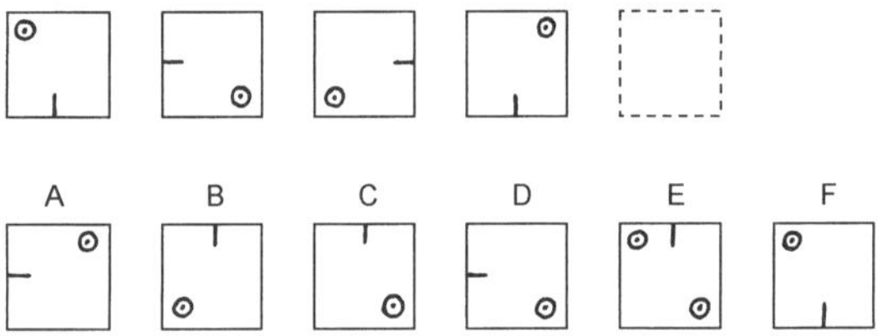

8.

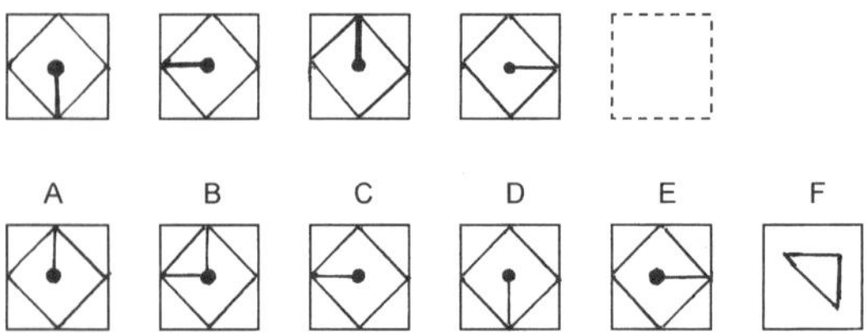

9.

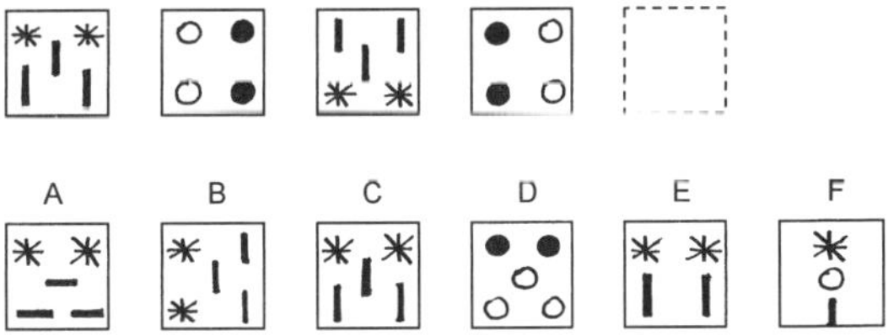

10.

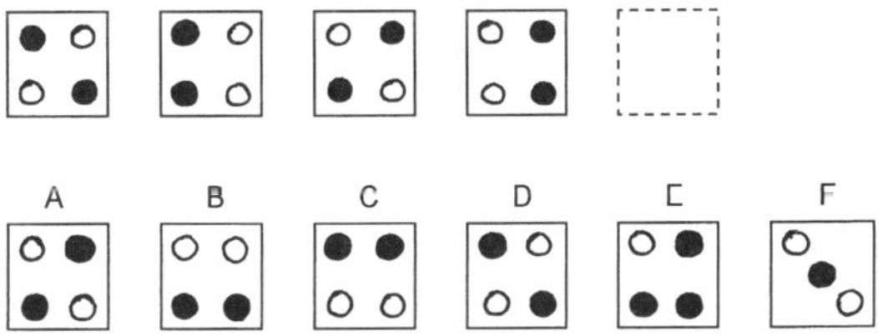

11.

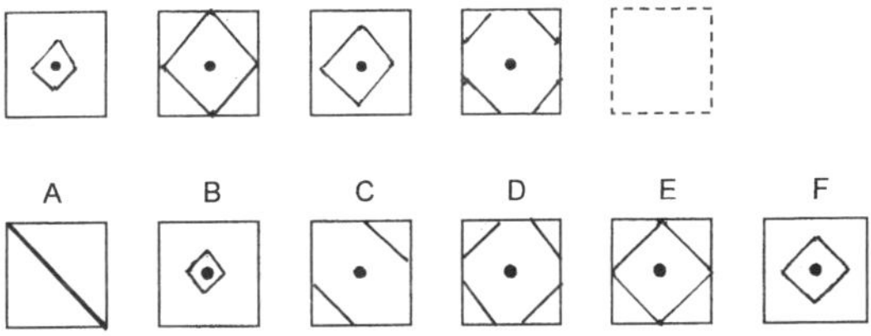

Symbolrechenaufgaben

Bei dieser Aufgabe werden Zahlen durch bestimmte Symbole ersetzt. Einzelne Symbole entsprechen einer einstelligen Zahl (0–9), zwei nebeneinander stehende Symbole einer zweistelligen Zahl (10–99). Die Aufgabe besteht darin, herauszufinden, welche der angebotenen Zahlen für ein bestimmtes Symbol eingesetzt werden muss, damit die Aufgabe richtig gelöst werden kann (Lösungsvorschläge neben dem zu entschlüsselnden Symbol).

1. Beispiel

Lösung: 7

Nur wenn diese Zahl für das Quadrat eingesetzt wird, kann das Ergebnis zweistellig werden.

2. Beispiel

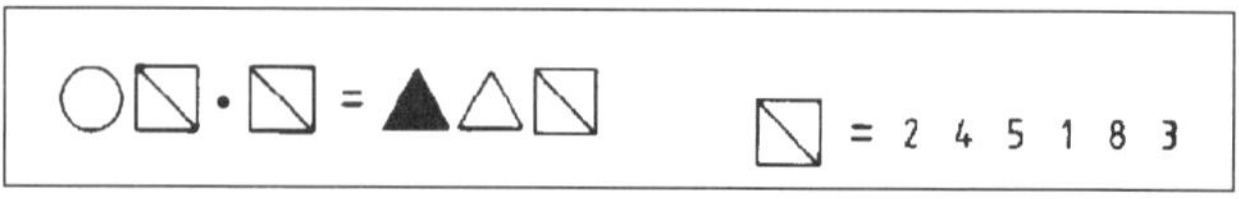

Lösung: 5

Denn nur die 5 taucht in der Einerstelle des Produkts wieder auf, wenn beide Faktoren in der Einerstelle ebenfalls eine 5 tragen.

A. Für die folgenden 26 Aufgaben haben Sie zehn Minuten Zeit.

1.

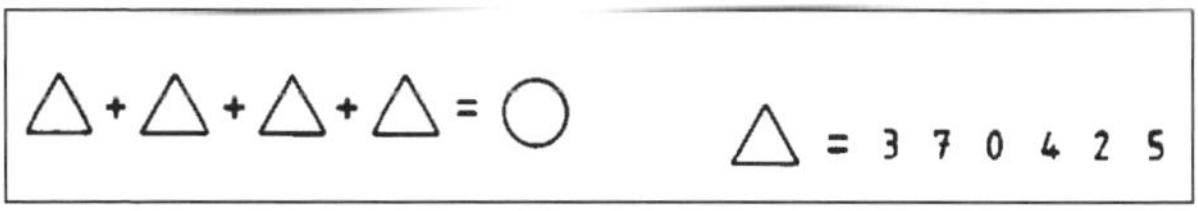

2.

3.

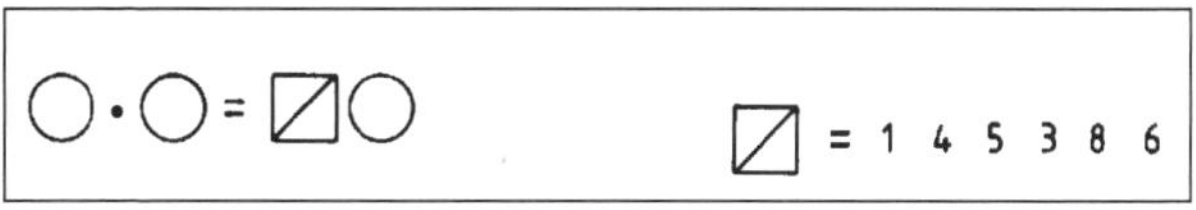

4.

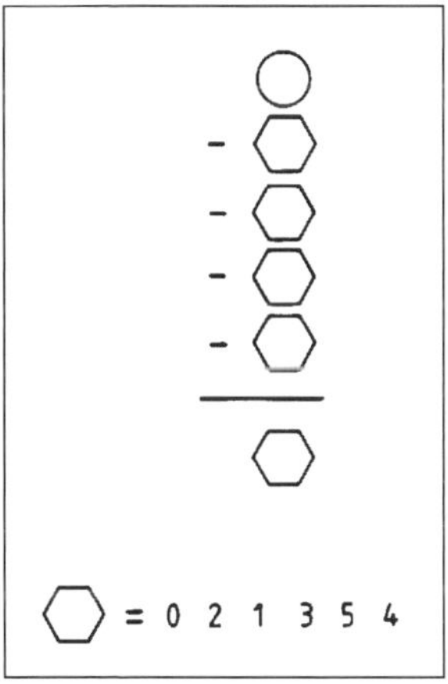

5.

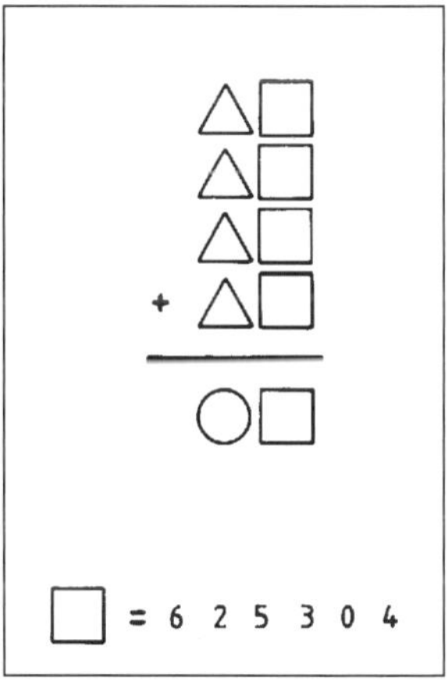

6.

7.

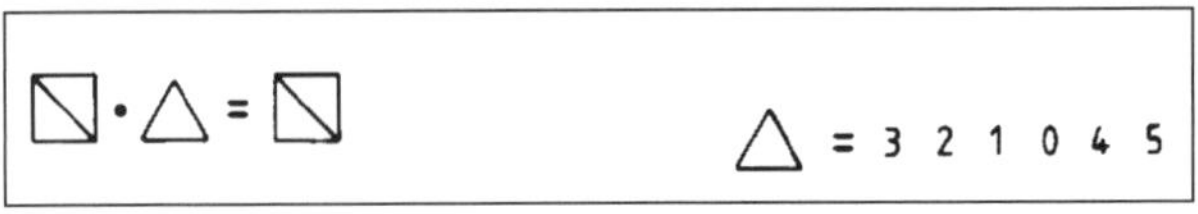

8.

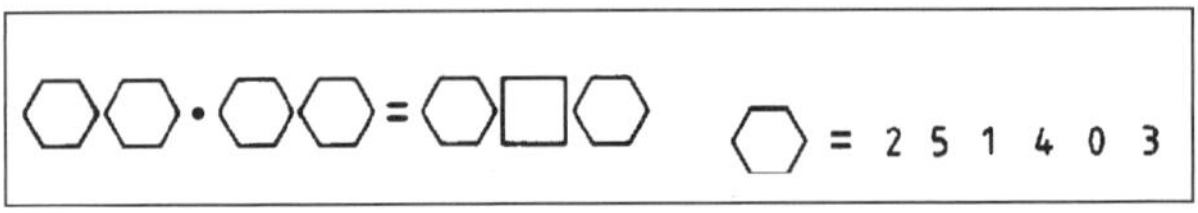

9.

10.

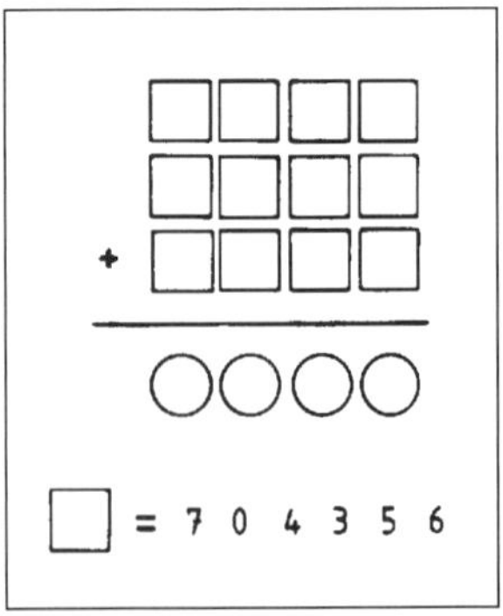

11.

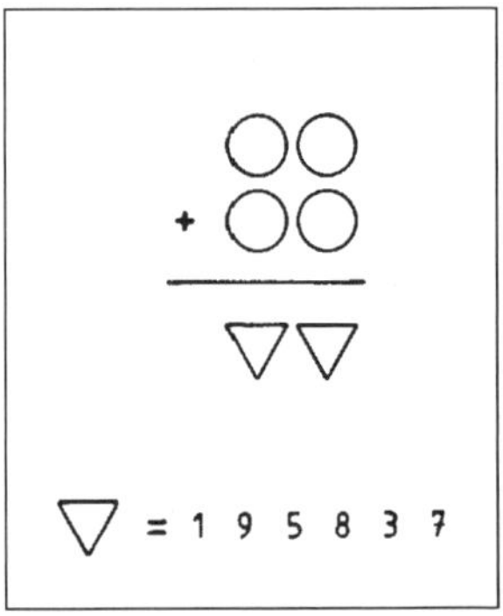

12.

○▽□ - ⬡ = ⊘⊘ ⊘ = 5 7 1 9 6 0

13.

△○△ : △ = □△□ △ = 4 5 2 1 9 6

14.

⬡▯ × ○ = ▽▯ ▯ = 3 0 9 1 7 8

15.

□ · ○ + △ - △ = ⧄○ ○ = 1 3 9 0 7 5

16.

```
  ○○○
  ○○○
+ ○○○
-----
  □□□
```

○ = 9 7 4 5 3 6

17.

```
  ⧄
- ⬡
- ⬡
- ⬡
---
  ⬡
```

⧄ = 3 6 9 4 5 2

18.

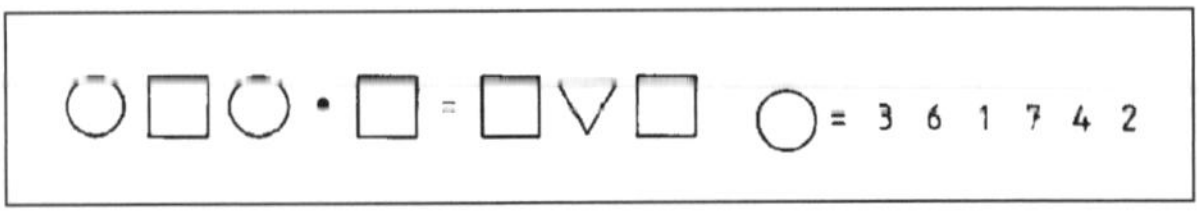

19.

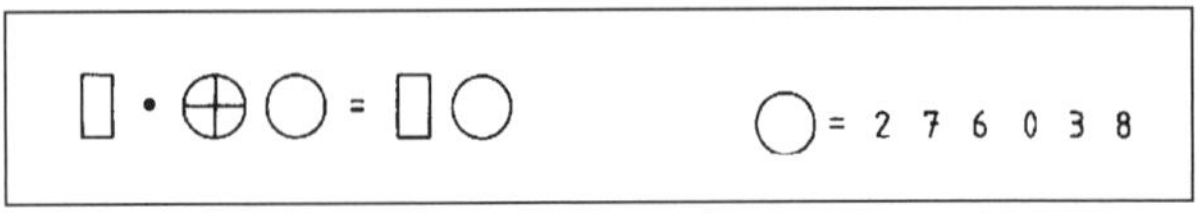

20.

21.

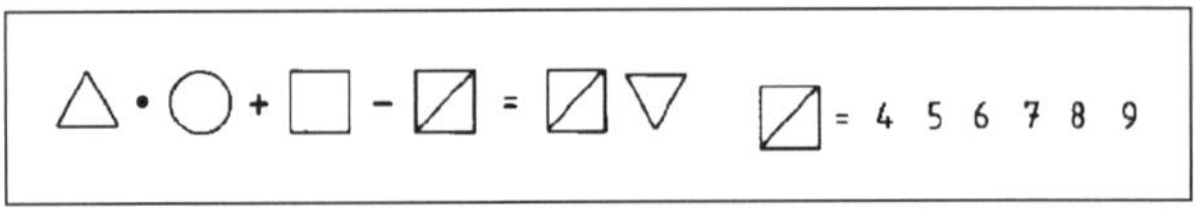

22.

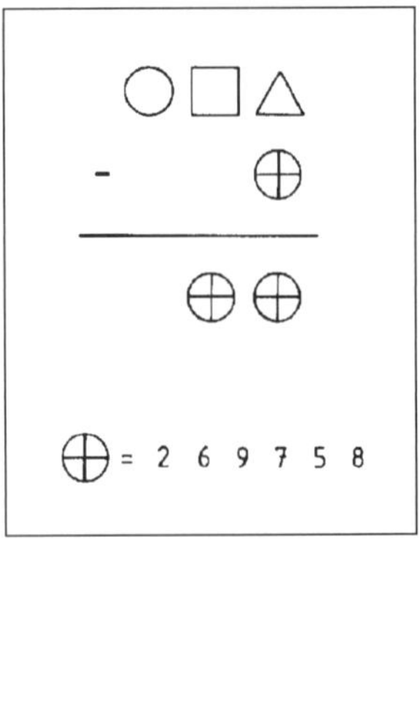

23.

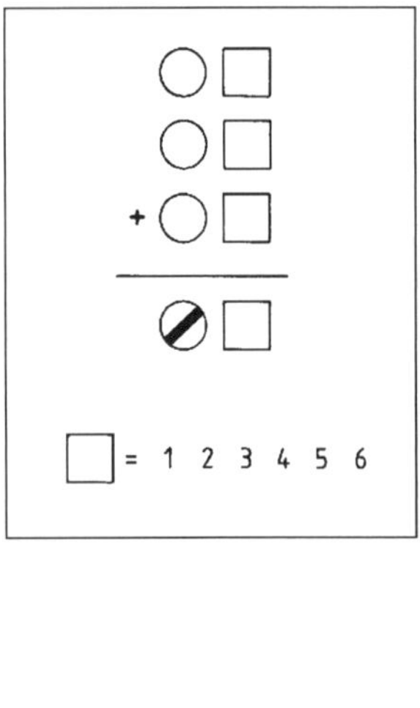

24.

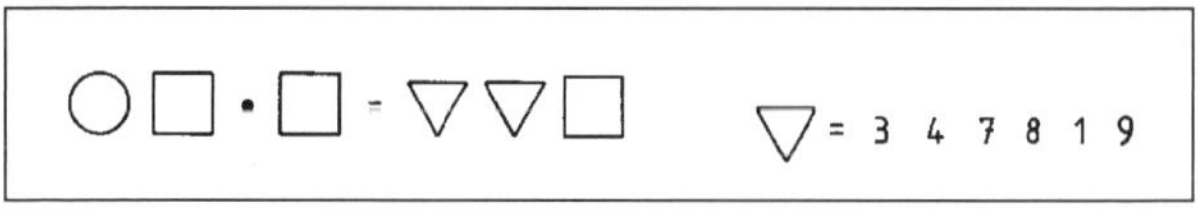

25.

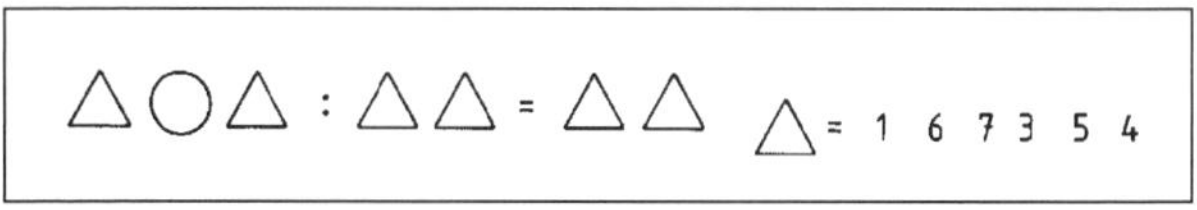

26.

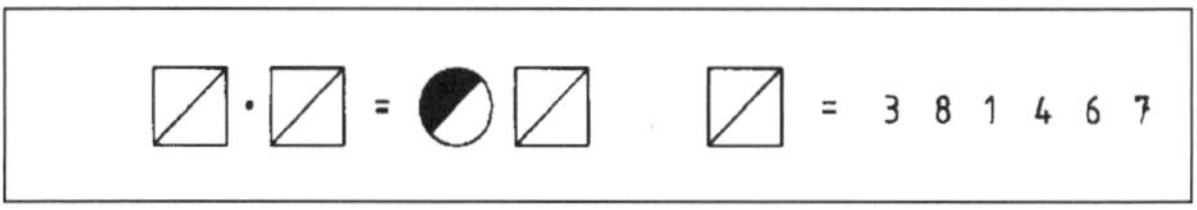

B. Für die folgenden 20 Aufgaben haben Sie 30 Minuten Zeit.

1.

△ + △ + △ = ○ | △ = 0 8 9 3 4 7

2.

▽ + ○ = ▽ | ○ = 6 4 0 9 8 3

3.

▽ · ▽ = ○▽ | ○ = 1 4 6 7 5 2

4.

⦶
– ◇
– ◇
– ◇
– ◇
―――
◇

◇ = 0 1 5 6 8 4

5.

```
   △
   △
   △
   △
   △
 + △
 ────
 □ △
```

△ = 1 2 6 3 5 7

6.

□▽ : ▽ = ▽

▽ = 6 1 3 4 7 8

7.

▽ · ⦶ = ▽

⦶ = 8 2 5 1 7 9

8.

○△ · ○△ = ◇○△

△ = 0 1 5 4 7 8

9.

◇□△ – △◇ = △◇

◇ = 2 1 3 0 4 5

10.

```
  ○○○○
+ ○○○○
------
  □□□□
```

○ = 4 5 6 7 0 8

11.

```
  □□
  □□
+ □□
----
  ○○
```

□ = 0 4 6 3 5 7

12.

△▽○ – ⦶▽ = ○○

○ = 1 8 0 2 3 4

13.

△ + ○ + △ + ○ = □

△ = 5 6 3 7 9 8

14.

△○ · ○ = ○□

○ = 4 6 9 2 7 5

15.

◇◇ · ◇◁ = ◇○◁

◇ = 2 1 5 3 6 4

16.

□
○
+ ○
———
□□

□ = 2 1 7 9 8 5

17.

○□ · ◫ = ○○◇

○ = 2 9 5 1 8 7

18.

□ + □ = ○△

□ = 2 0 3 8 1 4

19.

□◇ · △ = ◇△

◇ = 8 5 9 7 1 0

20.

□° + □° + □ = □ · ⊗

□ = 3 5 6 7 8 9

° = Exponent

Tipps

Bei Nicht-Mathematikern – und wer würde sich da ausschließen wollen – löst dieser Aufgabentyp schnell eine Panikattacke aus. Aber auch hier geht es wirklich nicht um höhere Mathematik oder extremes Abstraktionsvermögen. Ein bisschen Mut und Training werden Ihnen helfen, diese relativ simplen Aufgaben zu entschlüsseln.
Natürlich ist die Zeit für die Aufgabenbearbeitung so knapp bemessen, dass Sie nicht jeden einzelnen Lösungsvorschlag überprüfen können, aber wenn z. B. vier gleiche Symbole addiert als Summe ein einstelliges neues Symbol zum Ergebnis haben und die Lösungsvorschläge für die vier gleichen Symbole 2, 3, 4, 8 und 9 sind, wird schnell klar, dass schon bei 3 (vier mal addiert) ein zweistelliges Ergebnis herauskommt, hier aber nur eine einstellige Lösung zugelassen ist. Also kann nur 2 das gesuchte Symbol verkörpern.

Außerdem sollte man sich solche Zahlen merken, die mit sich selbst multipliziert eine Zahl ergeben, bei der die Grundzahl wieder auftritt. Diese sind:

$5 \Rightarrow 5 \cdot 5 = 25$

$6 \Rightarrow 6 \cdot 6 = 36$

Auch folgende Zahlen sollte man nicht vergessen:

$11 \Rightarrow 11 \cdot 11 = 121$

$22 \Rightarrow 22 \cdot 22 = 484$

Mit genügend Ruhe und Zeit knacken Sie alle Aufgaben und gewinnen damit an Lösungskompetenz. Das Ihnen präsentierte Aufgabenmaterial entspricht absolut der Testrealität.

Lösungen

Grundrechnen

A. 1. d, 2. e, 3. d, 4. d, 5. c, 6. b
B. 1. e, 2. a, 3. b, 4. a, 5. d, 6. b
C. 1. c, 2. b, 3. d, 4. b, 5. a, 6. b
D. 1. a, 2. b, 3. d, 4. e, 5. c, 6. c

Textaufgaben

Prozentrechnungs-Textaufgaben (S. 18): 1. 50 kg; 2. 6 %; 3. 60 %; 4. 37 %; 5. 50 kg; 6. 50 %; 7. 100 %; 8. 60 %; 9. 50 %

Dreisatz-Textaufgaben (S. 20): 1. mindestens 24; 2. 38; 3. 15 l, 400 km; 4. 24,75 m^2; 5. 144; 6. a) 18 l, b) 300 km; 7. 145; 8. 5,25 Nächte; 9. 12; 10. 750 g; 11. 375 g; 12. 12,50 €; 13. 9,80 €; 14. 50 kg; 15. 5,25 Nächte

Logisches Denken (S. 22): 1. 100; 2. 48; 3. 7; 4. 32; 5. 35; 6. 40 min; 7. 8 h; 8. 5; 9. 176; 10. 1200; 11. 15; 12. 258 Cent; 13. 211 Schüler

Bruchrechnungs-Textaufgaben (S. 26): 1. 2 Monate; 2. 50 %; 3. 0,5 Monate; 4. 15 m; 5. 19 m; 6. 1. Ente: 3 kg, 2. Ente: 4 kg, 3. Ente: 3 kg; 7. 1,75 Jahre; 8. 12.000 €; 9. 75 €

Proportional-Textaufgaben (S. 28): 1. 256; 2. 6; 3. 256 000 €; 4. 1:800 000; 5. 5; 6. 1. Bote: 6 €, 2. Bote: 12 €; 7. 280 g; 8. $\frac{6}{7}$; 9. 1516,67 g; 10. 1:500 000

Stundenkilometer-Textaufgaben (S. 30): 1. 26 km; 2. 64 km; 3. 26,7 m; 4. 26 km; 5. 110 km; 6. 13,33 min; 7. 10,8 s; 8. 36 km/h; 9. 18,75 min

Gleichungs-Textaufgaben (S. 33): 1. 16; 2. 38 kg; 3. 31,28; 4. 40; 5. A 16, S 24, B 48; 6. 13 000 €; 7. 3 Töchter; 8. 36 m; 9. 9 Kinder, 18 Jugendliche, 18 Frauen, 36 Männer

Zinsrechnung (S. 35): 1. 1187,5; 2. 2530 €; 3. 101,56 €; 4. 3,99 %; 5. 2 Jahre + 111 Tage; 6. 379 146,92 €; 7. 10,08 %; 8. 10989,47 €; 9. 2250 €; 10. 2100 €

Flächen- und Raumberechnungen (S. 38): 1. 6; 2. 25000; 3. 120 dm^3; 4. 43 m

Schätzaufgaben

A. 1. c; 2. f; 3. c; 4. b; 5. b; 6. c; 7. d; 8. c; 9. c; 10. c; 11. a; 12. f; 13. d; 14. d
B. 1. a; 2. c; 3. d; 4. b; 5. b; 6. b; 7. d; 8. a
C. 1. b; 2. c; 3. c; 4. b; 5. b; 6. b; 7. b; 8. c; 9. d; 10. a
D. 1. c; 2. b; 3. b; 4. d; 5. c; 6. a; 7. b; 8. d; 9. a; 10. c
E. 1. b; 2. c; 3. d; 4. a; 5. e; 6. b; 7. e; 8. a; 9. c; 10. a; 11. b; 12. b
F. 1. d; 2. a; 3. d; 4. a; 5. b; 6. f; 7. b; 8. b; 9. e; 10. a; 11. a; 12. a; 13. c; 14. f
G. 1. b; 2. b; 3. b; 4. d; 5. c; 6. b; 7. c; 8. c
H. 1. a; 2. b; 3. a; 4. a; 5. e; 6. c; 7. b; 8. d; 9. b; 10. a

Dezimal- und Bruchrechnung

A. 1. b; 2. b; 3. a; 4. e; 5. a; 6. a; 7. c; 8. d; 9. a; 10. b; 11. a; 12. e
B. 1. a; 2. e; 3. a; 4. b; 5. e; 6. b; 7. d; 8. b; 9. d; 10. b
C. 1. e; 2. c; 3. a; 4. d; 5. b; 6. b; 7. a; 8. c; 9. a; 10. e; 11. a; 12. e; 13. a; 14. c; 15. e
D. 1. e; 2. e; 3. b; 4. a; 5. d; 6. c; 7. b; 8. a; 9. a; 10. b; 11. e; 12. b
E. 1. $\frac{1}{2}$, 2. $\frac{4}{5}$, 3. $\frac{1}{6}$, 4. $\frac{1}{4}$, 5. $\frac{2}{5}$, 6. $\frac{1}{8}$
F. 1. 5 %, 2. 75 %, 3. 80 %, 4. 12 %, 5. 37,5 %, 6. 4 %, 7. 66,67 %, 8. 60 %, 9. 15 %, 10. 62,5 %

Maße und Gewichte

A. 1. e; 2. d; 3. b; 4. b; 5. a; 6. b
B. 1. b; 2. a; 3. c; 4. c; 5. b; 6. c
C. 1. a; 2. b; 3. e; 4. e; 5. d; 6. c
D. 1. c; 2. a; 3. a; 4. e; 5. e; 6. e

Zahlenreihen

A. 1. 24; 2. 24; 3. 95; 4. 96; 5. 22; 6. 608; 7. 9; 8. 1; 9. $\frac{11}{9}$; 10. $\frac{1}{3}$

B. 1. 31; 2. 29; 3. 11; 4. 12,5; 5. 17; 6. 34; 7. 49; 8. 17; 9. 38; 10. 68; 11. 13; 12. 80; 13. 7; 14. 12; 15. 15; 16. 49; 17. 15; 18. 737; 19. 2; 20. 27; 21. 10; 22. 49; 23. 64; 24. 21; 21; 25. 2; 12; 26. 71; 79

C.

	Lösung:	System:
1.	17	+ 2 ...
2.	38	+ 3 − 1 + 3 + 1 ...
3.	101	− 5 + 5 − 4 + 4 − 3 + 3 ...
4.	37	+ 3 + 3 + 4 + 4 + 5 + 5 ...
5.	20	+ 1 + 2 ...
6.	87	+ 5 + 7 + 9 + 11 ...
7.	20	+ 1 + 2 − 3 + 4 + 5 − 6 ...
8.	29	+ 2 − 3 · 4 + 5 − 6 · 7 ...
9.	6	− 3 : 2 · 3 ...
10.	377	Summe der 1. und 2. Zahl ergibt die 3. ...

D.

	Lösung:	System:
1.	3 969	1. Zahl mal sich selbst = 2. Zahl, − 1, mal sich selbst, − 1 ...
2.	15	: 2 · 4 : 2 · 3 : 2 · 2 : 2 · 1 ...
3.	3	− 2 : 2 − 2 : 2 ...
4.	174	+ 2 · 2 + 2 · 2 ...
5.	8	: 2 + 2 : 2 + 2 ...

6. 220	$\cdot 2 \cdot 2 - 10 \cdot 2 \cdot 2 - 10 \ldots$
7. 60	$- 3 : 2 \cdot 3 - 3 : 2 \cdot 3 \ldots$
8. 56	$: 4 + 4 \cdot 4 + 4 : 4 + 4 \cdot 4 + 4 \ldots$
9. 24	$- 3 \cdot 3 + 3 : 3 - 3 \cdot 3 + 3 : 3 \ldots$
10. 4	$+ 2 - 10 + 4 - 8 + 6 - 6 + 8 - 4 \ldots$

E.

Lösung:	System:
1. 9	$- 5 + 3 - 5 + 3 \ldots$
2. 8	$- 2 + 3 - 4 + 5 - 6 \ldots$
3. 15	$- 3 \cdot 3 - 4 \cdot 4 - 5 \cdot 5 \ldots$
4. 3,5	$: 4 \cdot 2 + 1 : 3 \cdot 2 + 1 \ldots$
5. 148	Zahl zum Quadrat + 2 zum Quadrat + 3 zum Quadrat + 4 …
6. 549	$\cdot (-5) - 5 \cdot (-4) - 4 \cdot (-3) - 3 \ldots$
7. 14	$- 1 + 3 - 1 + 4 - 1 + 5 \ldots$
8. 8	$: 2 + 5 : 3 + 5 : 4 + 5 \ldots$
9. 420	$- 9 \cdot 4 - 8 \cdot 4 - 7 \cdot 4 \ldots$
10. 31	$+ 7 - 2 \cdot 1 + 6 - 3 \cdot 2 + 5 \ldots$

F. 1. 16; 2. 57; 3. 18; 4. 10; 5. 2; 6. 70; 7. 26; 8. 29; 9. 25; 10. 12; 11. 6; 12. 5; 13. 5; 14. 10; 15. 88; 16. 4; 17. 177; 18. 19; 19. 13; 20. 6; 21. 36; 22. 53; 23. 12

G. 1. 58; 2. 7; 3. 11; 4. 19; 5. 24; 6. 5; 7. 17; 8. 8; 9. 34; 10. 26; 11. 6; 12. 105; 13. 16; 14. 129; 15. 26; 16. 38; 17. 8; 18. 29; 19. 14; 20. 31; 21. 112; 22. 112; 23. 63

H. 1. 43; 2. 4; 3. 43; 4. 937; 5. 169; 6. 92; 7. 57; 8. 47; 9. 435; 10. 34

I. 1. 29; 2. 6; 3. 31; 4. 121; 5. $\frac{1}{27}$; 6. −20; 7. 41; 8. 53,5; 9. −9; 10. 18; 11. 128; 12. 8,25; 13. 715; 14. 37; 15. 33; 16. 23; 17. 233; 18. $\frac{2}{27}$; 19. −24; 20. −10

J. 1. −16; 2. 81; 3. 407; 4. −19; 5. 30; 6. 15; 7. 21; 8. 5; 9. 837; 10. 35; 11. 5; 12. 29; 13. 996; 14. $\frac{1}{27}$; 15. −40; 16. 66; 17. −20; 18. 42; 19. 4; 20. 15

Zahlenmatrizen

	System:	gesuchte Zahlen:
A.		
1.	+ 2 + 2 …	5 4 10
2.	+ 22 (horizontal)	
	+ 11 (vertikal)	45
3.	· 4 + 4	52
4.	+ 3 : 3 + 3 …	18
		57
5.	− 2 + 3 − 4 + 5 − 6 …	7
6.	1 · 1 2 · 2 3 · 3 …	36
7.	+ 3 + 3	
	− 3 − 3	
	+ 3 + 3	70
8.	+ 8 − 4 + 2	
	+ 2 − 4 + 8	
	+ 8 − 4 + 2	23
	+ 2 − 4 + 8	33
9.	− 8 : 4 + 2	4
		3
B.		
1.	+ 3 + 3 + 3 …	10 7 16
2.	+ 16 horizontal	
	+ 8 vertikal	30
3.	· 5 + 5 …	35
4.	+ 2 : 2 + 2	7
		14
5.	− 3 + 4 − 5 + 6 − 7 …	12
6.	Quadratzahl	
	Wurzel dieser Zahl	
	Quadratzahl	16

7.	$+6+6$	
	$-6-6$	
	$+6+6$	32
8.	$+2-4+8$	
	$+8-4+2$	
	$+2-4+8$	3
	$+8-4+2$	-5
9.	$-8:4+2$	58
		128

C.

	senkrecht	waagerecht	Lösung
1.	$+2$	$+2$	8
2.	-2	$+3$	9
3.	-8	-15	-6
4.	$:3$	$:6$	$\frac{2}{3}$
5.	$\cdot 2$	$:4$	8
6.	$\cdot 3$	$\cdot 4$	27
7.	$+13$	-13	103
8.	$-3, -4$	$-1, -2$	-1
9.	-9	$+17$	0
10.	$:3, \cdot 4$	$\cdot 4, :3$	$\frac{32}{3}$

Dominos

A: 1. b; 2. c; 3. a; 4. b; 5. d; 6. f; 7. c; 8. b; 9. f; 10. d; 11. b; 12. e; 13. c; 14. e; 15. f

B: 1. c; 2. e; 3. b; 4. d; 5. a; 6. b; 7. c; 8. c; 9. a; 10. b; 11. b, e; 12. d; 13. a; 14. b

Figurenreihen

A: 1. C; 2. D; 3. C; 4. B; 5. C; 6. A; 7. E; 8. B

B: 1. B; 2. A; 3. C; 4. C; 5. A; 6. b; 7. C; 8. D; 9. C; 10. D; 11. E

Symbolrechenaufgaben

A.

1. 2; 2. 0; 3. 3; 4. 1; 5. 0; 6. 5; 7. 1; 8. 1; 9. 7; 10. 3; 11. 8; 12. 9; 13. 2; 14. 0; 15. 5; 16. 3; 17. 4; 18. 1; 19. 0; 20. 6; 21. 4; 22. 9; 23. 5; 24. 3; 25. 1; 26. 6

B.

1. 3; 2. 0; 3. 2; 4. 1; 5. 6; 6. 6; 7. 1; 8. 5; 9. 1; 10. 4; 11. 3; 12. 2, 3, 4, 8; 13. 3; 14. 2; 15. 1; 16. 1; 17. 1; 18. 8; 19. 9; 20. 7

Hesse/Schrader
Testtraining Allgemeinwissen
Eignungs- und Einstellungstests sicher bestehen
ISBN 3-8218-5857-5

Hesse/Schrader
Die 100 häufigsten Fragen im Vorstellungsgespräch
Richtig formulieren, verstehen, verhandeln
ISBN 3-8218-5855-9

Hesse/Schrader
Die perfekte schriftliche Bewerbung
Formulierungshilfen und Gestaltungstipps für Anschreiben und Lebenslauf
ISBN 3-8218-5888-5

Jeder Band:
Ca. 144 Seiten, broschiert
Euro 8,95 (D)
sFr 16,90 / Euro 9,20 (A)

Eichborn
Kaiserstraße 66
60329 Frankfurt
Telefon 069 / 25 60 03-0
Fax 069 / 25 60 03-30
www.eichborn.de

Wir schicken Ihnen gern ein Verlagsverzeichnis.